Katrin Josephine Wagner

Die Sprache der Jäger – Ein Vergleich der Weidmannssprache im deutsch- und englischsprachigen Raum

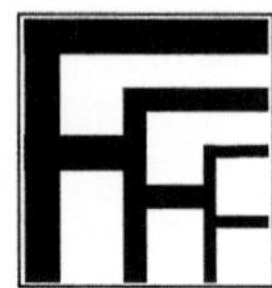

Forum für Fachsprachen-Forschung

Hartwig Kalverkämper (Hg.)

in Zusammenarbeit mit Klaus-Dieter Baumann

Band 143

Katrin Josephine Wagner

Die Sprache der Jäger –
Ein Vergleich der Weidmannssprache im deutsch- und englischsprachigen Raum

Verlag für wissenschaftliche Literatur

ISBN 978-3-7329-0455-6
ISBN (E-Book) 978-3-7329-9546-2
ISSN 0939-8945

© Frank & Timme GmbH Verlag für wissenschaftliche Literatur
Berlin 2018. Alle Rechte vorbehalten.

Das Werk einschließlich aller Teile ist urheberrechtlich geschützt. Jede Verwertung außerhalb der engen Grenzen des Urheberrechtsgesetzes ist ohne Zustimmung des Verlags unzulässig und strafbar. Das gilt insbesondere für Vervielfältigungen, Übersetzungen, Mikroverfilmungen und die Einspeicherung und Verarbeitung in elektronischen Systemen.

Herstellung durch Frank & Timme GmbH,
Wittelsbacherstraße 27a, 10707 Berlin.
Printed in Germany.
Gedruckt auf säurefreiem, alterungsbeständigem Papier.

www.frank-timme.de

Inhaltsverzeichnis

1. Einleitung

[...]
Lieber und drauter Waidman,
wöllest mir nichte für Übel han,
daß ich dich tue spröchen an.
Ich sich das Horn und Waidmösser fein
sambt anderer Zier an der Seiten dein.
Derwögen wierdestu sein beflissen
und auf meine Fragen Antwort zu göben wissen.
Wierdestu mir khünen antworten recht,
so halt ich dich für ainen Jägersknecht.
Wierdestu mir aber auf meine Fragen
nit wissen, rechte Andtwort zu sagen,
so wierde ich dich für kainen Jäger erkhenen,
ja, auch kainen rechten Waidman nenen,
sonder wierde dier treulich raten fein,
daß du noch ain Weil ain Hundtspueb solst sein
und solst werden mer weis und klueg
oder dem Pauern zwikhen den Pflueg (Lindner 1976:240).

Dieses Zitat aus dem 17. Jahrhundert von M. Strasser von Kollnitz ist nicht nur ein Beleg für die lange Tradition der Fachsprache der Jäger, sondern spiegelt auch deren Bedeutung für die Gemeinschaft der Jäger wider. Das Interesse an ihr seitens der Fachsprachenforschung ist jedoch in den letzten Jahren stark zurückgegangen und es werden nur noch relativ wenige Publikationen zu diesem Thema veröffentlicht. Dieses Buch soll die sogenannte Weidmannssprache wieder mehr ins Zentrum der Aufmerksamkeit rücken, zumal sie zu einer der ältesten Fachsprachen zählt. Im Verlauf dieser Monografie wird eine kontrastive Untersuchung der Weidmannssprache im deutsch- und englischsprachigen Raum durchgeführt, um mögliche Parallelen und Unterschiede festzustellen und zu analysieren. Hierzu soll ebenfalls der jeweilige historische Kontext berücksichtigt werden, da soziale und politische Gegebenheiten einen Einfluss auf die Entstehung von Sondersprachen haben. Zu Anfang muss jedoch geklärt werden, wie die Weidmannssprache im Bereich der Fachsprachenforschung einzuordnen ist. Darum folgt im zweiten Kapitel eine kurze Übersicht darüber, was unter Fachsprache zu verstehen ist und es werden einige notwendige Termini definiert, da die Terminologie innerhalb der Fachsprachenforschung sowohl vielseitig als auch heterogen ist.

Anschließend folgt eine Darstellung der Weidmannssprache im Allgemeinen, sowie eine Betrachtung der historischen Entwicklung ihrer im deutschen und englischen Sprachraum, besonders im Hinblick auf Jagdliteratur und Jagdwörterbücher. Da Jagdwörterbücher eine aussagekräftige Quelle bezüglich der Weidmannssprache darstellen, sollen vier solcher Werke als Korpus für die empirische Untersuchung in dieser Abhandlung dienen. Dafür werden die Werke und ihre Autoren im vierten Kapitel zunächst vorgestellt und historisch sowie kulturell eingeordnet. Auf dieser Grundlage erfolgt im fünften Kapitel die Korpusanalyse, in der die Werke in Hinsicht auf verschiedene Kriterien analysiert werden. Die Herangehensweise und Methodik wurde für den Zweck dieser Untersuchung selbst entwickelt.

Aus Gründen der besseren Lesbarkeit wird in diesem Buch das generische Maskulinum verwendet, so dass männliche Berufsbezeichnungen wie Jäger sowohl männliche als auch weibliche Vertreter des Berufstandes bezeichnen. Auch wenn die Geschichte etwas anderes vermuten lässt, ist die Jagd schon seit Langem keine reine Männerdomäne mehr. Des Weiteren sollen in dieser Abhandlung keine Aussagen über den Sinn oder Unsinn der Jagd in der heutigen Zeit getroffen werden. Diesbezüglich kann sich jeder sein eigenes Urteilen fällen. Es geht hier vielmehr um die objektive Betrachtung der Jagd als Bestandteil des deutschsprachigen und englischsprachigen Kulturraumes.

2. Fachsprache und Fachkommunikation

Auch wenn innerhalb der Sprachwissenschaft die Grenzen zwischen Sprachen, Sprachvarietäten und Sondersprachen nicht immer eindeutig sind und in einigen Fällen auch zu heftigen Disputen führen können, wird wohl überwiegend darin übereingestimmt, dass die Weidmannssprache keine eigenständige Sprache wie z. B. das Deutsche oder das Englische ist. Belegt wird diese Vermutung dadurch, dass die deutsche Sprache der Jäger sich dem Sprachsystem des Deutschen bedient. Jedoch wird in vielen, vor allem älteren Publikationen, die Weidmannssprache auch als die Fachsprache der Jäger bezeichnet. Um diese Behauptung zu überprüfen muss zunächst geklärt werden, was Fachsprache ist und ob die Weidmannssprache wirklich als Fachsprache klassifiziert werden kann (vgl. Schwenk 1998b:1105).

In den Anfängen der Fachsprachenforschung Mitte der 1960er Jahre war der Begriff *Fachsprache* noch sehr eng gefasst und umfasste lediglich die lexikalisch-semantische Ebene, also die Terminologie eines Faches. Dieses Modell wurde allerdings ab den 1980er Jahren um die syntaktische, funktionalistische, textuelle, pragmatische, kommunikative, soziokulturelle und semiotische Ebene erweitert, um den Forderungen der Textlinguistik gerecht zu werden, die immer mehr an Bedeutung gewann. Aufgrund dieser Komplexität ist wohl auch die Bezeichnung Fachkommunikation zutreffender und genauer (vgl. Hoffmann/Kalverkämper 1998:48). L. Hoffmann definiert die Fachkommunikation als

> die von außen oder von innen motivierte bzw. stimulierte, auf fachliche Ereignisse oder Ereignisfolgen gerichtete Exteriorisierung und Interiorisierung von Kenntnissystemen und kognitiven Prozessen, die zur Veränderung der Kenntnissysteme beim einzelnen Fachmann und in ganzen Gemeinschaften von Fachleuten führen (ebd.:48).

Diese Definition verdeutlicht, dass einerseits die Fachkommunikation aus der Notwendigkeit einer für alle Fachangehörigen verständlichen, einheitlichen Kommunikation entsteht und andererseits das Fach selbst beeinflusst. Die Fachsprache ist innerhalb dieses Konzeptes das sprachliche Medium, das bei der Fachkommunikation verwendet wird (vgl. ebd.:48). Aus diesem Grund soll sie nachfolgend genauer betrachtet und definiert werden.

2.1. Definition von Fachsprache

Wie für viele Begriffe der Linguistik gibt es eine ganze Reihe von Definitionen für die Fachsprache. So definiert der Duden die Fachsprache z. B. als „Sprache, die sich vor allem durch Fachausdrücke von der Gemeinsprache unterscheidet" (vgl. Bibliographisches Institut GmbH 2013a). Diese Definition ist aus sprachwissenschaftlicher Sicht nur wenig aussagekräftig und sehr allgemein. Wesentlich eindeutiger und genauer ist da die in der DIN 2342 verwendete Definition. Ihr zufolge ist die Fachsprache ein „Bereich der Sprache, der auf eindeutige und widerspruchsfreie Kommunikation in einem Fachgebiet gerichtet ist und dessen Funktionieren durch eine festgelegte Terminologie entscheidend unterstützt wird" (DIN Deutsches Institut für Normung e. V. E DIN 2342:2004-9 2004:4). In dieser Monografie wird die Fachsprachendefinition von L. Hoffmann als Grundlage verwendet, da sie eine der am häufigsten zitierten Definitionen und weitgehend etabliert ist. L. Hoffmann zufolge ist Fachsprache

> die Gesamtheit aller sprachlichen Mittel, die in einem fachlich begrenzbaren Kommunikationsbereich verwendet werden, um die Verständigung zwischen den in diesem Bereich tätigen Menschen zu gewährleisten (Hoffmann/Kalverkämper 1998:48).

Mithilfe dieser Definition kann in Kapitel 2.2.4. ermittelt werden, ob die Bezeichnung Fachsprache der Jäger tatsächlich korrekt ist.

2.2. Weitere wichtige Termini der Fachsprachenforschung

Bevor die oben genannte Fragestellung untersucht wird, müssen zunächst einige andere wichtige Termini für die Fachsprachenforschung definiert werden, damit es nicht zu Verwechslungen und Unklarheiten kommt. Dabei handelt es sich nicht um eine vollständige Auflistung aller fachsprachenbezogenen Termini, sondern lediglich um eine kleine Auswahl. Des Weiteren wird darauf verzichtet, sämtliche Synonyme für die jeweiligen Begriffe anzugeben.

2.2.1. Fach

Der Begriff *Fach* ist innerhalb der Sprachwissenschaft stark diskutiert und nicht eindeutig definiert. Verschiedene Autoren haben versucht, sich einer Definition anzunähern, indem sie Rahmenbedingungen und Einteilungen für Fächer erarbeitet haben. Einer der bekanntesten Artikel zu diesem Thema stammt von H. Kalverkämper. Darin betrachtet er die verschiedenen Dimensionen des Begriffes *Fach*, welche lauten:

1. die gesellschaftsbezogene Dimension – die Personen, die an der Fachkommunikation beteiligt sind –;
2. die soziokulturelle Dimension – das Umfeld, in der die Fachkommunikation stattfindet –;
3. die referentielle Dimension – der Gegenstand bzw. Sachverhalt, auf den sich die Kommunikationspartner beziehen –;
4. die sprachliche Dimension und
5. die interfachliche Dimension – die Beziehung zu anderen Fächern (vgl. Kalverkämper 1998:1ff.).

Auch die Abgrenzung einzelner Fächer voneinander ist nicht immer eindeutig möglich und weist immer wieder Überschneidungen auf, wie sich im Verlauf der Untersuchung noch zeigen wird. In dieser Monografie wird einfach davon ausgegangen, dass es Fächer gibt und dass die Jagd ein solches Fach darstellt.

2.2.2. Fachwörterbuch

Da Fachwörterbücher die Grundlage für die empirische Untersuchung dieser Abhandlung bilden, soll an dieser Stelle definiert werden, was unter dem Begriff *Fachwörterbuch* zu verstehen ist. Laut dem Duden ist ein Fachwörterbuch ein „Wörterbuch, in dem die Fachausdrücke eines bestimmten Fachgebietes erklärt werden“ (Bibliographisches Institut GmbH 2013b). Eine genauere Bestimmung des Fachwörterbuches haben H. Felber und B. Schaeder in ihrem Artikel *Typologie der Fachwörterbücher* vorgenommen. Darin unterscheiden sie unterschiedliche Arten von Fachwörterbüchern nach verschiedenen Merkmalen, u. a. nach ihrem Zweck. Ferner bezeichnen sie das fachliche Sachwörterbuch als das prototypische Fachwörterbuch (vgl. Felber/Schaeder 1999:1730f.) und definieren es gemäß H. E. Wiegand wie folgt:

> Ein fachliches Sachwörterbuch ist ein Fachwörterbuch, dessen genuiner Zweck darin besteht, daß ein potentieller Benutzer aus den lexikographischen Daten Informationen zu nicht-sprachlichen Gegenständen (zu den Sachen im Fach) gewinnen kann (ebd.:1730).

2.2.3. Gemeinsprache

Der Begriff *Gemeinsprache* galt lange Zeit als Oppositionspartner der Fachsprache und diente der genaueren Bestimmung von Fachsprache. L. Hoffmann definierte in diesem Zuge Gemeinsprache als

> jenes Instrumentarium an sprachlichen Mitteln, über das alle Angehörige einer Sprachgemeinschaft verfügen und das deshalb die sprachliche Verständigung zwischen ihnen möglich macht (Hoffmann 1987:48).

Da diese Opposition allerdings keine Varietäten berücksichtigt und Fachsprache lediglich auf die Fachlexik begrenzt, wurde von dieser Betrachtung Abstand genommen. Innerhalb der aktuellen Fachsprachenforschung wird nun die Fachlichkeit von Kommunikation ermittelt und bewertet, so dass es Kommunikation mit einem hohen Fachlichkeitsgrad, z. B. unter Fachleuten, und mit einem niedrigen Fachlichkeitsgrad, z. B. zwischen einer Fachperson und einem Laien, gibt (vgl. Hoffmann 1998:157ff.).

2.2.4. Terminologie

Terminologie, oder auch Fachwortschatz bezeichnet laut DIN 2342 die „Gesamtheit der Begriffe und ihrer Bezeichnungen in einem Fachgebiet“ (DIN Deutsches Institut für Normung e. V. E DIN 2342:2004-9 2004:15). Sie bezeichnet demzufolge die lexikalische Ebene der Fachsprachen. Die Terminologie stellt einen essentiellen Teil der jeweiligen Fachsprache dar, da ohne sie die fachliche Kommunikation nicht möglich wäre. Daher ist es verständlich, dass sich die Fachsprachenforschung in ihren Anfängen lediglich mit den Terminologien der einzelnen Fächer befasste. Doch wie unter Kapitel 2. beschrieben, ist diese Ansicht zu eng gefasst und veraltet. Allerdings erklärt dieser historische Hintergrund die Klassifikation der Weidmannssprache in der Fachsprachenforschung, die im nachfolgenden Kapitel genauer betrachtet wird (vgl. Schwenk 1998b:1105).

3. Fachsprache der Jäger

Die Bezeichnung *Weidmannssprache* oder *Fachsprache der Jäger* suggeriert, dass es sich dabei um eine Fachsprache handelt. Die bisherigen Ausführungen zum Thema Fachsprache und Fachsprachenforschung zeigen jedoch, dass diese Ausdrucksweise de facto fehlerhaft ist. Richtiger wäre es von der Terminologie der Jäger zu sprechen, da die Unterschiede zur Sprache insgesamt fast ausschließlich auf lexikalischer Ebene liegen. Des Weiteren besteht die Terminologie der Jäger, wie S. Schwenk feststellt, nicht nur aus fachlich bedingten Elementen. Neben diesen gibt es vor allem Elemente, die sozial bedingt sind. Während früher der Wortschatz der Jäger noch reich an fachbedingten Termini war, so ist die Terminologie der Weidmannssprache, wie wir sie heute kennen, fast ausschließlich sozial bedingt. Ursache hierfür ist die „Monokultur der Schusswaffe“ (ebd.:1110), wie sie S. Schwenk bezeichnet. Das bedeutet, dass der Großteil der fachlichen bedingten Elemente diverse Jagdtechniken bezeichnete, die jedoch mit den technischen Errungenschaften auf dem Gebiet der Waffenentwicklung und -produktion überflüssig wurden und nur noch im historischen Jagdwortschatz zu finden sind (vgl. ebd.:1109f.). Aus den oben genannten Gründen wird in dieser Abhandlung also die Terminologie der Jäger im deutsch- und englischsprachigen Raum analysiert und verglichen. Dennoch wird in diesem Buch weiterhin die Bezeichnung Weidmannssprache verwendet, da diese sich bereits etabliert hat.

3.1. Weidmannssprache vs. Waidmannssprache

Da die Geschichte der Weidmannssprache sowohl im Deutschen als auch im Englischen bereits sehr früh begann und sich diese in einem geografisch überaus großen Raum entwickelten, ist es nur natürlich, dass es im Laufe der Zeit zu regionalen Varianten der jagdlichen Terminologie kam. So lässt sich feststellen, dass sich beispielsweise die amerikanische bzw. kanadische Jagdterminologie von der britischen in einigen Punkten unterscheidet. Als die ersten Briten die heutigen Vereinigten Staaten und Kanada besiedelten, brachten sie das Wissen und die Kultur ihrer Heimat mit in die neue Welt. Dazu zählen auch die englische Sprache und die zu dieser Zeit verwendete Jagdterminologie. Allerdings unterschied sich die Tierwelt Amerikas und Europas damals wie heute, so dass die ersten Siedler auf Tiere trafen, die niemand von ihnen kannte. Dementsprechend gab es im englischen Jagdwortschatz auch keine Benennungen für diese Tiere. Diese Lücken mussten irgendwie gefüllt werden. Häufig wurde an dieser Stelle auf das Wissen der amerikanischen Ureinwohner zurückgegriffen, indem Benennungen entlehnt wurden. Als Beispiel dient die englische Benennung für Elch, nämlich *moose*. Auch wenn Elche ebenfalls in Nordeuropa leben, werden viele der Siedler nie zuvor ein solches Tier gesehen haben und konnten somit auch nicht wissen, wie es heißt. Die Ureinwohner, die im Lebensraum des nordamerikanischen Elches lebten – heute Kanada zugehörig – gehörten zum Stamm der Algonkin. Diese nannten den Elch in ihrer Sprache *moos* oder *moz*. Es wird vermutet, dass dieser Name von *moosu* stammt, was so viel bedeutet wie *schält ab* und bezeichnet das für Elche typische Abschälen der Rinde zur Nahrungsaufnahme. Die englischen Siedler Kanadas haben die Benennung der Algonkin übernommen und sprachlich angeglichen (vgl. Harper 2001a–2004). Darum wird der Elch in Europa als *elk* bezeichnet und in den USA und Kanada als *moose*. Es handelt sich also um zwei diatopischen Varietäten, die sich jedoch beide auf den gleichen Begriff beziehen (vgl. Rue, III 2001:13).

Auch im deutschsprachigen Raum lassen sich diese Unterschiede in der Weidmannssprache feststellen. Schon allein die Bezeichnung *Weidmannssprache* gibt einen Hinweis darauf. In unterschiedlichen Quellen lassen sich zwei verschiedene Schreibweisen antreffen: sowohl *Weidmannssprache* als auch *Waidmannssprache*. Hierbei handelt es sich um regionale Varianten, die die Terminologie der Jäger bezeichnen. Die Schreibweise mit *ei* ist in Nord- und Mitteldeutschland verbreitet, die Variante mit *ai* in Süddeutschland und Österreich. Des Weiteren lassen sich diese Unterschiede auch in der Terminologie feststellen. C. W. von Heppe stellt in seinem Werk *Einheimisch- und ausländischer Wohlredender Jäger* von 1763 diese regionalen Unterschiede fest. So schreibt er, dass der Schwanz des Hirsches i. d. R. Pürzel[1] heißt, aber in einigen Regionen auch Gall, Schwaden

---

[1] Diese Definition stammt noch aus dem 18. Jahrhundert und gilt als veraltet. Neueren Jagdwörterbüchern zufolge bezeichnet Pürzel oder Bürzel lediglich den Schwanz des Schwarzwildes, des Bären und des Dachses (vgl. Frevert 1966:27).

oder Ende genannt wird. C. W. von Heppe war der erste Autor jagdlicher Literatur, der sich mit den Varietäten der deutschen Weidmannssprache auseinandersetzte. Allerdings gibt er nicht an, in welchen Regionen die jeweiligen Termini verwendet werden (vgl. Roosen 2008:92).

Neben diesen sprachlichen Varietäten gibt es auch regionale Unterschiede im Jagdrecht, was wiederum Auswirkungen auf die Terminologie in den unterschiedlichen Regionen haben kann. Diese Betrachtung würde jedoch den Rahmen dieser Abhandlung überschreiten und findet aus diesem Grund keine Berücksichtigung.

3.2. Geschichtlicher Überblick über die deutsche Weidmannssprache

Es ist möglich und auch sehr wahrscheinlich, dass seit die Menschheit mit dem Jagen begonnen hat, auch in irgendeiner Art und Weise darüber kommuniziert wurde, wobei selbst Höhlenmalereien als nonverbale Kommunikation betrachtet werden können. Allerdings mangelt es an Quellenmaterial aus diesen Epochen, sodass eine geschichtliche Darstellung der Weidmannssprache erst ab dem Zeitpunkt möglich ist, an dem sie schriftlich erfasst wurde. Die ersten Zeugnisse jener Art sind laut S. Schwenk im germanischen Volksrecht zu finden. Dabei handelt es sich um rein fachliche Termini, die zur Bezeichnung von besonderen Jagdhunden und Wildarten im sonst lateinischen Text verwendet wurden, so z. B. *leitihunt* für Leithund und *swarzwild* für Schwarzwild. Spätere Hinweise auf die Weidmannssprache finden sich in vielen literarischen Werken, in der das Leben am Hof oder die Jagd thematisiert wurde, so z. B. im Nibelungenlied (vgl. Schwenk 1998a:2385).

Ab dem 14. Jahrhundert finden sich im deutschsprachigen Raum die ersten Belege über eine Jagdliteratur, die sich mit der Vermittlung der Weidmannssprache befasst. Die Terminologie dieser didaktischen Literatur handelt vor allem von der Jagd auf den Rothirsch, den Jagdhunden, den Beizvögeln und dem Vogelfang allgemein. Daraus lässt sich folgern, dass der darin enthaltene Wortschatz hauptsächlich fachlich bedingt war. Der Grund für das Aufkommen dieser Art der schriftlichen Fixierung jagdsprachlicher Terminologie ist wohl, dass dieses spezielle Fachwissen über die diversen Jagdtechniken die Ausbildung von Berufsjägern notwendig machte. Im 15. Jahrhundert nahm die Häufigkeit der didaktischen Jagdliteratur weiter zu (vgl. ebd.:2385).

Erste Belege für sozial bedingte jagdliche Terminologie stammen aus dem 16. Jahrhundert, namentlich von J. H. Meichßner und Dr. N. Meurer. J. H. Meichßner veröffentlichte 1538 in Tübingen das *Handbuechlin gruntlichs berichts / recht und wolschrybens / der Orthographie und Gramatic…*, welchem er eine Liste jagdsprachlicher Termini beifügte. Diese Auflistung war allerdings nur für den internen Gebrauch von Verwaltungsbeamten, sogenannten Kanzlisten, gedacht. 1560 wurde in Pforzheim ein weiteres Werk dieser Art veröffentlicht: *Von Forstlicher Oberherrligkeit vnnd Gerechtigkeit / Was die Recht / der Gebrauch / die Billigkeit deßhalben vermög...* von N. Meurer. N. Meurers Werk unterscheidet sich von J. H. Meichßner insofern, dass N. Meurer seinen Schwerpunkt auf die fachlich bedingten Termini der Jäger legte. Diese beiden Werke stellten ca. ein Jahrhundert die Grundlage der deutschen Weidmannssprache dar (vgl. Roosen 2008:90f.).

Das 18. Jahrhundert ist insofern bedeutend für die Weidmannssprache, dass es in dieser Zeit zu einer Etablierung der Standessprache der Jäger kam. Der wohl entscheidendste Grund dafür ist, dass die Jagd zum größten Teil dem Adel bzw. seinen Angestellten vorbehalten war. Eine Ausnahme bildete beispielsweise der Vogelfang, der weiterhin vom gemeinen Volk betrieben werden durfte. Ebenfalls trifft diese Exklusivität der Jagd nicht auf die Schweiz zu, da dort ein anderes Jagdrechtssystem als in Deutschland und Österreich herrschte (vgl. Schwenk 1998b:1105f.)[2].

Wie bereits erwähnt, war die Jagd in Deutschland und Österreich dem Adel zugeordnet. Das führte dazu, dass die Jagd einen hohen Stellenwert innerhalb der Gesellschaft hatte, da keine Kosten und Mühen gescheut wurden, um dem höfischen Vergnügen nachzukommen. Dies hatte Einfluss auf die Weidmannssprache, weil dadurch viele sozial bedingte Termini geprägt wurden. Die soziale Oberschicht

---

2 Da es sich bei den genannten Ausnahmen um Sonderfälle handelt, sollen sie in dieser Abhandlung nicht näher erläutert werden, auch wenn sie ebenso interessant und aufschlussreich sind.

konnte sich auf diese Weise vom gemeinen Volk abgrenzen, warum die Standessprache bewusst verwendet wurde. Natürlich übernahmen die feinen Herrschaften nicht alle Bestandteile der Jagd. Gerade die Aufgaben, die sehr zeitintensiv oder unangenehm waren, wurden von den Bediensteten ausgeführt, wie beispielsweise das Aufspüren und das Versorgen des erlegten Wildes. Außerdem forderten diese Phasen ein ganz spezielles Fachwissen, wodurch das Entstehen einer beruflichen Ausbildung für Jäger begünstigt wurde (vgl. Schwenk 1998a:2386). Um den Beruf des Jägers zu erlernen, mussten die Anwärter eine dreijährige Ausbildung durchlaufen, in der er sich nicht nur das Handwerk, sondern auch die jagdsprachliche Terminologie anzueignen hatte. Diese jagdsprachliche Terminologie musste derart beschaffen sein, dass jede Aussage eindeutig und unmissverständlich ist (vgl. Schwenk 1998b:1106). S. Schwenk sieht darin den Grund, warum

> die Jäger selbst größten Wert auf eine genaue Definition der einzelnen Termini legten und der richtige Gebrauch der jagdsprachlichen Terminologie in den jagdlichen Lehrbüchern eine zentrale Rolle spielte (ebd.:1106).

Neben den Lehrbüchern gab es im 18. Jahrhundert ebenfalls jagdsprachliche Wörterbücher. Das erste dieser Art wurde 1759 in Langensalza veröffentlicht. Es trägt den Titel *Neues und wohl eingerichtetes Forst-, Jagd- und Weidewercks-Lexicon* und wurde von J. A. Großkopf verfasst. Während J. H. Meichßner und N. Meurer ihre Glossare nach Themengebieten gegliedert hatten, ordnete J. A. Großkopf die Stichworte in seinem neuen Wörterbuch alphabetisch, wie es auch noch heute für Wörterbücher üblich ist (vgl. Roosen 2008:91f.).

Anfang des 19. Jahrhunderts erschienen immer mehr jagdsprachliche Wörterbücher, die Jägern und Jagdfreunden das Erlernen und Verstehen der Weidmannssprache erleichtern sollten. Zu den Jagdwörterbüchern dieser Epoche gehören u. a. J. G. Lentners *Taschenbüchlein der Jagdsprache* (Quedlinburg und Leipzig 1833), J. O. H. Günthers *Vollständiges Taschen-Wörterbuch der Jägersprache für Jäger und Jagdfreunde* (Jena 1840) und E. Ritter von Dombrowskis *Deutsche Weidmannssprache* (2. Auflage Neudamm 1897). Letzteres zeichnet sich durch seine sehr gute Verständlichkeit aus, da die jagdsprachlichen Termini zum größten Teil mit Wendungen eines geringen Fachlichkeitsgrades erklärt werden. Aus diesem Grund wird es auch heute noch als Referenzmaterial für moderne Jagdwörterbücher verwendet (vgl. ebd.:94).

Auch im 20. Jahrhundert findet sich eine Reihe jagdsprachlicher Wörterbücher, da innerhalb der Jägergemeinschaft nach wie vor großer Weg auf eine sachgemäße Ausdrucksweise und richtige Verwendung der Weidmannssprache gelegt wurde. Zu den bekanntesten Jagdwörterbüchern zählt R. Roosen zufolge W. Freverts *Wörterbuch der Jägerei*, welches W. Frevert nach dem Zweiten Weltkrieg schrieb und 1954 in Hamburg veröffentlichte. In einigen neueren Jagdwörterbüchern wurde nicht nur der aktuelle Fachwortschatz der Jäger berücksichtigt, sondern auch historische Termini, die heute nicht mehr aktiv verwendet werden. Beispiele hierfür sind *Die Jagd im deutschen Sprachgut* (Stuttgart 1953) von E. von Harrach und *Die Weidmannssprache* (Berlin 1986) von H.-D. Willkomm. Erwähnenswert ist ebenfalls das schöne, mit Zeichnungen illustrierte Werk *Jägersprache in Wort und Bild* (Wien 1997) von H. Prossinagg (vgl. ebd.:94f.).

3.3. Geschichtlicher Überblick über die englische Weidmannssprache

Bisher haben sich nur wenige Autoren mit der englischen Weidmannssprache auseinandergesetzt. Demzufolge finden sich noch weniger Quellen, die die historische Entwicklung der Fachsprache der Jäger im englischen Sprachraum behandeln. Die nun folgenden Ausführungen sind deshalb zum größten Teil nur Vermutungen, ausgehend von der Entwicklung der Jagd im englischsprachigem Raum sowie der Jagdliteratur aus den jeweiligen Epochen.

Ähnlich wie im deutschsprachigen Raum finden sich die ersten schriftlichen Belege für eine englische Jagdliteratur im 12. bis 15. Jahrhundert, folglich zu der Zeit des *Middle English* in England. Diese Tatsache korreliert mit der Verbreitung des Schrifttums und des Buchdrucks im Hoch- bzw. Spätmittelalter. Die Jagd war dort dem Adel vorbehalten, wobei dieser von seinen Bediensteten unterstützt wurde. So ist es nicht weiter verwunderlich, dass die englische Jagdliteratur fast ausschließlich am Hof entstanden ist (vgl. Griffin 2008:25ff.). Dementsprechend zeichnet sich die englische Weidmannssprache durch eine sehr gewählte Ausdrucksweise aus. G. Chaucer beschreibt das jagdliche Ereignis wie folgt:

[...]
Men, horse and hounds in every place,
And all men talking of the chase:
And how they would run the hart to death
And how the hart, quite out of breath
And sweating at last – I know not what!
[...]
There every man was doing just
As he by laws of hunting must.
Three long notes blew the master then
Upon his great horn, telling men
To unleash and urge on every hound.
And quickly then the hart was found,
Hallooed and keenly hunted fast
Long time with shouts; until at last
The hart zigzagged and stole away
From all the hounds a secret way.
The pack entire thus overshot
And lost the scent they'd had so hot.
At once the master-huntsman knew,
And on his horn the recall blew (ebd.:53f.).

Abgesehen von der poetischen Sprache G. Chaucers gibt dieser Auszug auch in Teilen die in seiner Zeit verwendete Weidmannssprache wider. Beschrieben wird eine besondere und zugleich typische Jagdmethode, nämlich die Parforcejagd. Bei dieser Methode wird das Wild mit Hunden bis zur Erschöpfung gehetzt, während die Jagdgesellschaft zu Pferd den Hunden folgt und schließlich das Wild erlegt. Die Bezeichnung *par force* gibt auch Hinweise auf andere Spracheinflüsse. Die englische Königsfamilie hatte französische Wurzeln und insgesamt war Französisch durchaus gängig am Hof. Dies spiegelt sich somit auch in den Termini der englischen Weidmannssprache wider, wofür *par force* beispielhaft ist. Doch das Verbot der Fuchstreibjagd in Großbritannien heute (vgl. ebd.:230) könnte dazu führen, dass diese Termini aus dem aktiven Wortschatz der englischen Weidmannssprache verschwinden.

Wie auch in den deutschsprachigen Gebieten haben sich die Jagdmethoden verändert und zum fast ausschließlichen Gebrauch der Schusswaffe hin entwickelt. Somit wurden alte Jagdtechniken mit Netzen und Fallen zum größten Teil überflüssig und auch die zugehörige Terminologie gehörte nicht mehr zum aktiven Jagdwortschatz. Eine Ausnahme bildet die Jagd mit Pfeil und Bogen. Vor allem in den USA ist diese Form der Jagd durchaus beliebt, während sie in Deutschland gar nicht gestattet ist (vgl. Bundesministerium der Justiz und für Verbraucherschutz 1977:10).

Des Weiteren deutet beispielsweise das Vorwort von L. L. Rue darauf hin, dass die englische Weidmannssprache in der heutigen Zeit im seltener von Jägern gepflegt wird. Darin weist er darauf hin, dass z B. das Geweih von Schalenwild häufig fälschlicherweise als Hörner bezeichnet wird (vgl. Rue, III 2001:5).

4. Vorstellung der Korpora

Im folgenden Kapitel werden die zu analysierenden Korpora vorgestellt. Es wurden insgesamt vier Werke ausgesucht, wovon zwei in deutscher und zwei in englischer Sprache verfasst wurden. Um die Analyse nicht nur auf jeweils einen Staat des Sprachraumes zu begrenzen, wurden einerseits zwei Werke eines deutschen und eines österreichischen Autors und andererseits zwei Werke eines britischen und eines amerikanischen Autors gewählt. Es handelt sich zum größten Teil um einsprachige Wörterbücher, die Muttersprachlern als Glossar dienen. Lediglich ein Werk entspricht eher einem Verhaltenskodex für die Fuchsjagd, umfasst allerdings ein Glossar, welches im Rahmen dieser Abhandlung analysiert werden soll. Da bereits festgestellt wurde, dass es sich bei der Weidmannssprache eher um eine Terminologie der Jäger handelt, wird die Verwendung von Wörterbüchern und Glossaren als sinnvoll erachtet, da sie sich ausschließlich mit der Lexik befassen und einen Eindruck davon geben, was als zur Weidmannssprache gehörig erachtet wird[3].

4.1. Die deutschen Korpora

Die lange Tradition der Jagd im deutschsprachigen Raum hat eine ganze Fülle an Jagdliteratur hervorgebracht, wie es unter Kapitel 3.2. beschrieben wird. Die folgenden zwei Werke wurden vor allem aufgrund ihres Bekanntheitsgrades ausgewählt.

4.1.1. Wörterbuch der Jägerei

Der Autor des ersten Korpus ist Oberforstmeister W. Frevert. Geboren 1897 in Hamm, begann er 1919 das Forststudium in Eberswalde. 1922 begann er sein Referendariat an der Oberförsterei Lindenberg (Vorpommern) und wurde schließlich 1936 Oberforstmeister in der Oberförsterei Rominten. Bekannt ge-

---

3 Besonders als Nichtmuttersprachler hat dies mir die Arbeit erleichtert, die englische Weidmannssprache zu untersuchen.

worden ist er durch sein Engagement im Bereich der Weidgerechtigkeit und des Erhalts des jagdlichen Brauchtums (vgl. Seifert 2014). Allerdings wird W. Frevert innerhalb der Jägergemeinschaft auch kontrovers diskutiert, da er während des Zweiten Weltkriegs Kriegsverbrechen begangen hatte. 1948 folgte das Entnazifizierungsverfahren, bei dem er die Untersuchungskommission davon überzeugen konnte, dass er nur Mitläufer gewesen war. So gelang ihm ein Neustart im Forstamt Kaltenbronn. W. Frevert starb 1962 nach einem Jagdunfall (vgl. Gautschi 2004).

Die erste Auflage seines Werkes *Wörterbuch der Jägerei* erschien 1954 und die zweite, verbesserte Auflage 1966 – vier Jahre nach seinem Tod. Im Vorwort zu seinem Wörterbuch schreibt W. Frevert, dass die Jägersprache es wert ist, dass sie erhalten wird. Aus diesem Grund umfassen die mehr als 3000 Stichworte auch alte und regionale Termini. Lediglich die Parforcejagd und die Falknerei schließt er aus, weil er diese Jagdmethoden als unüblich in den deutschsprachigen Ländern erachtet. Das enthaltene Literaturverzeichnis umfasst einige durchaus bekannte Quellen, so z. B. das viel zitierte Werk *Deutsche Waidmannssprache* von E. Ritter von Dombrowski (vgl. Frevert 1966:100).

4.1.2. Jägersprache in Wort und Bild

Das zweite Werk stammt von Senatsrat Dipl. Ing. H. Prossinagg und wurde erstmalig 1997 in Wien veröffentlicht. Über den Autor ist nur wenig bekannt. Ein paar in dem Wörterbuch enthaltene Zeilen über den Autor verraten, dass er von 1926 bis 2003 lebte und lange Jagdreferent in Wien war. Er war Experte auf dem Gebiet der Jagdgeschichte Österreichs (vgl. Prossinagg 2009:4f.).

Als Korpus dient die zweite Auflage von H. Prossinaggs Werk aus dem Jahre 2009. Die wundervollen Zeichnungen zu den einzelnen Wildarten stammen von H. Zeiler und dienen der Veranschaulichung der Termini (siehe Abb. 1).

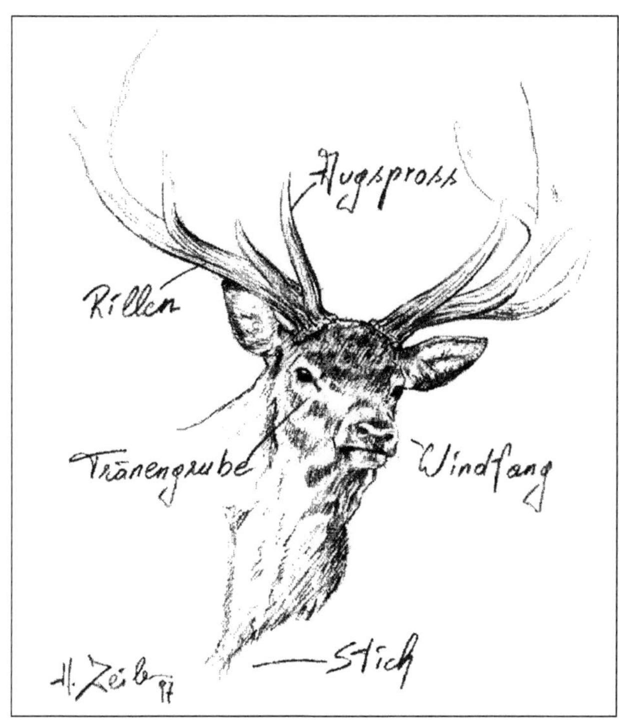

Abbildung 1: Illustrationen in H. Prossinaggs Werk

Im Vorwort des Buches wird erläutert, dass die Jägersprache nach wie vor aktuell ist und sich weiterentwickelt. Allerdings gibt es auch einen sogenannten Kern, der die Generationen bis jetzt überdauert hat und welcher in H. Prossinaggs Wörterbuch dargestellt wird. Im Gegensatz zu W. Frevert hat H. Prossinagg sein Werk nicht alphabetisch, sondern nach Themengebieten gegliedert, um die Handhabung zu erleichtern. Auch auf eine vollständige Darstellung aller mehr oder weniger gebräuchlichen Termini hat er zugunsten der Übersichtlichkeit verzichtet. Außerdem widmete er das erste Kapitel der Jägersprache selbst und was darunter zu verstehen ist. M. Sternath beschreibt das Wörterbuch wie folgt:

> Mit Begeisterung und Freude hat er [Prossinagg] die umfassende Arbeit zu diesem Buch geleistet und damit den fruchtbaren Boden dafür bereitet, auf dass es auch künftigen Jägergenerationen nicht die Sprache verschlage (ebd.:5).

4.2. Die englischen Korpora

Es war um einiges schwerer, englische Wörterbücher zu diesem Thema zu finden. Dies könnte bedeuten, dass es sowas wie eine englische Weidmannssprache gar nicht gibt oder dass sie einfach nicht für wichtig genug erachtet wird, ihnen eigene Bücher zu widmen. Für die zweite Theorie spricht vor allem, dass viele Anleitungen zum Erlernen von Jagdtechniken ein Glossar enthalten, das die wichtigsten Termini aufführt und erläutert. Dies trifft auch auf das erste Korpus zu, das nachfolgend vorgestellt wird.

4.2.1. Customs and Etiquette of the Hunting Field

Der Autor des ersten Werkes ist nicht bekannt. Fest steht jedoch, dass es einen Beitrag von Sir C. Frederick enthält. Abgesehen davon, dass er offenkundig ein Baronet war, können keine weiteren Aussagen über diese Person getroffen werden. Ebenso wenig ließ sich über das Buch an sich in Erfahrung bringen, außer dass es offenkundig britischer Herkunft ist. Es wurde 2011 von Read Books Ltd. veröffentlicht, aber der Text scheint älter zu sein. Hinweis darauf geben Wörter wie „to-morrow“ (Anonymous 2011:3). Es ist bekannt, dass dies eine ältere Schreibweise des Wortes ist. Bis ins 16. Jahrhundert wurde es noch als zwei Wörter geschrieben und bis Anfang des 20. Jahrhunderts mit einem Bindestrich (Harper 2001b–2004). Somit lässt sich die Entstehungszeit auf die Jahre zwischen 1501 und ca. 1930 eingrenzen. Des Weiteren wird die „hunting lady“ (Anonymous 2011:3) erwähnt, die immer häufiger bei der Fuchsjagd anzutreffen ist. Der Autor bemerkt, dass sogar fast mehr Frauen auf die Fuchsjagd gehen, als junge Männer. Dies deutet darauf, dass das Werk frühestens Mitte des 19. Jahrhunderts geschrieben wurde, da vorher Frauen i. d. R. nicht an der Fuchsjagd teilgenommen haben. Wahrscheinlicher ist es, dass das Buch Anfang des 20. Jahrhunderts verfasst wurde, da die Zahl der Frauen zu überwiegen scheint. Das Fehlen junger Männer könnte auf die Zeit des Ersten Weltkrieges hinweisen, da viele Männer zu dieser Zeit im Krieg waren. Auf der nächsten Seite wird der *War* dann auch explizit erwähnt: „a few years before the War“ (ebd.:4). Daraus lässt sich schließen, dass das Entstehungsjahr während oder kurz nach dem Ersten Weltkrieg einzuordnen ist. Weitere Textstellen belegen diese Vermutung, z. B. die Erwähnung der *Ten Commandments of Fox-Hunting* von T. J. Young, welche zu Beginn des 20. Jahrhunderts veröffentlicht wurden (vgl. ebd.:14).

Aufgeteilt ist das Werk in sechs Kapitel: *Customs of the Hunting Field*, *The Customs of the Meet*, *The Manners and Customs of the Hunting Field – Etiquette and Duty* (von Sir C. Frederick), *The Etiquette*, *The Language* und *A Dictionary of Fox Hunting Terms*. Besonders die letzten beiden Kapitel sind für diese Abhandlung und die empirische Untersuchung interessant, da sie sich mit der bei der Fuchsjagd verwendeten Sprache auseinandersetzen. Das enthaltene Glossar ist alphabetisch geordnet (vgl. ebd.:64ff.).

4.2.2. The Deer Hunter's Illustrated Dictionary

Das zweite englische Werk stammt aus den USA und wurde von L. L. Rue III. verfasst. L. L. Rue wurde 1926 in Paterson, New Jersey geboren und war schon immer sehr naturverbunden. Sein Interesse für die Natur wurde von seinem Vater geweckt, welcher eine Farm kaufte, auf der L. L. Rue aufwuchs. Seine Liebe für Bilder hingegen hat er von seiner Mutter (vgl. Wegner 1984:63). L. L. Rue ist seit über 60 Jahren Naturfotograf und zählt als solcher zu den bekanntesten in Nordamerika (vgl. Rue Wildlife Photos 1996–2014). Darüber hinaus ist er Autor von mehreren Büchern, vor allem über das Schalenwild (Hirsche, Elche usw.) und hält ebenfalls Privatvorlesungen (vgl. Wegner 1984:63).

Das Buch *The Deer Hunter's Illustrated Dictionary* veröffentlichte L. L. Rue 2001 im Verlag *The Lyons Press*, nachdem er bereits eine Reihe anderer Werke zu diesem Thema verfasst hatte. Im Vorwort erklärt er, dass das Wörterbuch als Hilfe dienen soll, um die Terminologie der Jäger und die Welt des Schalenwildes besser zu verstehen. Seiner Meinung nach zeichnet sich ein guter Jäger dadurch aus, dass er viele dieser Termini beherrscht (vgl. Rue, III 2001:ix). So schreibt er „the more words you know, the better hunter you will be“ (ebd.:ix). Dieses Werk könnte auch als Versuch gewertet werden, die englische Weidmannssprache zu erhalten und auf ein gewisses Niveau zu bringen. Der letzte Satz seines Vorwortes zeigt dies sehr deutlich:

> Actually, if I can just get all the hunters to refer to the antlers on deer, elk, caribou, and moose as antlers instead of calling them horns, I will feel that we are making progress (ebd.:x).

Die im Wörterbuch enthaltenen Termini decken sämtliche in Nordamerika lebenden Schalenwildarten ab. Geordnet sind die einzelnen Stichworte – wie in den meisten Wörterbüchern – in alphabetischer Reihenfolge. Außerdem hat L. L. Rue sein Werk mit einer Vielzahl an Schwarzweißfotos illustriert, die das Verständnis des Inhalts erleichtern sollen. Die *Deer Hunter's Gallery*, die sich in der Mitte des Buches befindet und in Farbe auf Hochglanzpapier gedruckt wurde, dient meines Erachtens eher der Ästhetik denn als der Verständlichkeit (siehe Abb. 2). Allerdings gibt sie auch einen Einblick in die Welt des Schalenwildes.

Abbildung 2: Deer Hunter's Gallery in L. L. Rues Werk

5. Empirische Untersuchung der einzelnen Korpora

Im folgenden Kapitel sollen die einzelnen Korpora untersucht werden. Hierfür werden jeweils diese drei Kriterien betrachtet:

1. Aufbau des Wörterbuches und der Einträge,
2. die Auswahl der Termini, also welche Ausdrücke vom Autor als der Weidmannssprache zugehörig betrachtet werden, und zum Schluss
3. die Art und Weise, wie der Autor die einzelnen Termini definiert.

Der Aufbau wird als für die Abhandlung bedeutend angesehen, da dadurch ein Eindruck über den Umgang mit der Weidmannssprache in Fachwörterbüchern zum Thema Jagd vermittelt wird. Aus Gründen der besseren Vergleichbarkeit, werden jeweils die ersten 25 Seiten der einzelnen Werke herangezogen.

5.1. Wörterbuch der Jägerei

Zuerst wird das *Wörterbuch der Jägerei* von W. Frevert analysiert. Die ersten 25 Seiten nach dem Vorwort des Verlages erstrecken sich von A wie „Aalstreifen" (Frevert 1966:7) bis E wie „Einstieg" (ebd.:31).

5.1.1. Aufbau

A

Aalstreifen oder *Aalstrich*, der = der dunkle vom Nacken bis zum Wedel reichende Rückenstreif bei Hirscharten, Gamswild (Sommer) und bei Hunden (Schweißhund, Teckel).

Aaser, der = Jagdtasche.

Aasjagd, die = unwaidmännisch betriebene Jagd.

Aasjäger oder *Afterjäger*, der = unwaidmännischer Jäger, Schießer, kein Heger und Pfleger seines Wildes.

abäsen, auch *abbeißen, abprossen* = abfressen von Pflanzen durch das Wild.

abäugen = das Absuchen des Geländes mit den Augen durch Hochwild.

abbacken = das Gewehr absetzen, es von der Backe nehmen.

abbalgen = abziehen der Haut beim Haarwild der Niederjagd und beim gesamten Federwild, s. Balg.

abbalzen = beenden der Begattungszeit (Balz) bei allem Federwild, z. B. „die Hahnen haben *abgebalzt*".

abbaumen = 1. *abstreichen* oder *abfliegen* der Waldhühner vom Baum, auch *abfallen, abreiten, abstieben, abstehen;* 2. hinabklettern oder herabspringen von einem Baume bei Luchs, Wildkatze, Marder, Iltis, Wiesel und Eichhörnchen, auch *abholzen.*

abbeißen = abäsen.

Abbiß, der = 1. *Anbiß* oder *Abzugsbissen* an einer Fangvorrichtung; 2. der Teil der Pflanze, der vom Wilde oder vom Eichhörnchen *abgebissen* wurde.

abblasen = durch Hornsignal ankündigen, um

1. ein Treiben zu beenden;
2. nicht mehr in das Treiben bzw. in den Kessel hineinzuschießen;
3. einen Schützen von seinem Stande abzurufen.

abbrechen = 1. ein Treiben vorzeitig beenden, unterbrechen, z. B. wegen schlechten Wetters, auch eine *Jagd abbrechen* = sie aufgeben; 2. einen sich an Wild verbissenen Hund losmachen, mit einem Knebel den Fang öffnen, auch *ausknebeln.*

Abbruch tun = Verminderung des Wildes durch Überbejagung, durch Raubwild, strengen Winter u. a.

abbrunften = beenden der Brunftzeit bei allen Wildarten, deren Begattung *Brunft* genannt wird. „Die Hirsche hatten schon *abgebrunftet.*" „Sie sind *völlig abgebrunftet*", d. h. durch die Brunft geschwächt.

abbrüten = Beendigung des Brutgeschäfts bei allem Federwild, z. B. „die meisten Rebhühner hatten schon Ende Mai *abgebrütet*".

abdanken = 1. den Hund für gute Arbeit streicheln, *abliebeln;* 2. Jagdpersonal und Treiber nach einer Jagd nach Hause schicken; 3. einen Jäger aus dem Dienst entlassen.

abdecken = einem Stück Hochwild (nicht Schwarzwild) die Haut abziehen, auch *abhäuten*, besser „aus der Decke schlagen".

abdocken = den Schweißriemen oder das Hängeseil ablaufen lassen, die *Docke* lösen.

abdonnern = *abstreichen, abreiten* von starkem Federwild, insbesondere beim Auerhahn.

Abdruck, auch *Abdrücker*, der = Abzug beim Gewehr.

abdrücken = mit dem Finger den Abzug eines Gewehrs betätigen.

Abendanstand, der = die am Abend ausgeübte Jagd durch *Ansitzen.*

Abendbalz, die = das Balzen des Auerhahns beim Abendeinfall.

Abendbirsch, die = das fachgerechte Abgehen eines Revierteils, auch *Abendpirsch* besser *Abendpürsch* und *Abendpürsche.*

Abendruf, der = der am Abend ausgestoßene Sammelruf gesellig lebender Vögel, z. B. der Rebhühner, analog *Morgenruf.*

Abendstrich, der = das Streichen manchen Federwildes am Abend, insbesondere *Schnepfen-, Gänse-* und *Entenstrich.*

Abendwaidwerk, das = Abendjagd, die waidmännisch ausgeübt wird.

Aberwind, der, besser Aperwind = der Tauwind im Gebirge, der aper d. h. schneefrei macht.

abfährten = das Absuchen eines Reviers nach Fährten zum *Bestätigen* oder *Einkreisen* des Wildes.

abfallen = 1. das Abspringen des Hirsches, Rehbockes usw. vom weibl. Stück, wenn er es beschlagen hat; 2. das Herabfliegen von Auer- und Birkwild vom Baum auf die Erde; 3. das Abkommen des Hundes von einer Fährte, die er vorher angefallen hatte, besonders beim Schweißhund gebräuchlich; 4. das Magerwerden von Wild, Hunden, Pferden und Beizvögeln.

7

Abbildung 3: Exemplarische Seite aus W. Freverts Werk

Der Aufbau des vorliegenden Wörterbuches ist durchaus klassisch. In zwei Spalten pro Seite sind die Stichworte alphabetisch geordnet, wobei der jeweilige Großbuchstabe die zugehörigen Stichworte einleitet, und durch Fettdruck hervorgehoben. Bei Substantiven wird der zugehörige Artikel mit Komma nachgestellt. Zu den deutschen Artenbezeichnungen werden in Klammern jeweils auch die lateinischen Namen angegeben. Des Weiteren folgen durch ein Komma abgetrennt eventuell vorhandene synonyme Bezeichnungen (vgl. ebd.:21). So sieht beispielsweise der Eintrag zum Baumfalken wie folgt aus: „**Baumfalke,** der (Falco subbuteo), auch Lerchenfalke, Lerchenstößer, Lerchenhabicht od. Weißbäckchen genannt" (ebd.:21). Synonyme Bezeichnungen, die ebenfalls als Stichwort im Wörterbuch aufgeführt sind, stehen im Kursivdruck, z. B. „**Aasjäger** oder *Afterjäger,* der" (ebd.:7). Jedoch fällt auf, dass dies nicht bei allen Synonymen funktioniert. Gleich der erste Eintrag verweist auf den Aalstrich als Synonym für Aalstreifen, doch ein Eintrag für Aalstrich existiert nicht (ebd.:7). Dafür gibt es zwei mögliche Erklärungen. Entweder wurde der entsprechende Eintrag vom Autor schlichtweg vergessen oder es liegt daran, dass das Wörterbuch nach dem Tode W. Freverts durch den Verlag editiert wurde. Dabei könnte der Eintrag entfernt worden sein, weil er als redundant oder nicht mehr zeitgemäß betrachtet wurde (vgl. ebd.:6).

Die einzelnen Definitionen zu den jagdlichen Termini werden mit einem Gleichheitszeichen angeschlossen und der Anfang der Definition beginnt, abgesehen von Substantiven, Substantivierungen usw., mit einem kleinen Buchstaben, z. B. „**abäugen** = das Absuchen des Geländes mit den Augen durch Hochwild" (ebd.:7). Falls es für einen Begriff mehrere Bedeutungen vorhanden sind, so werden alle Definitionen nummeriert und nacheinander, mit Semikolon getrennt aufgeführt, z. B. „**Abbiß**, der = 1. *Anbiß* oder *Abzugsbissen* an einer Fangvorrichtung; 2. der Teil der Pflanze, der vom Wilde oder vom Eichhörnchen *abgebissen* wurde" (ebd.:7).

Gelegentlich finden sich als Stichworte auch Kollokationen, die in der deutschen Weidmannssprache verwendet werden. Beispiele hierfür sind „Abbruchtun" (ebd.:7), „anlaufen lassen" (ebd.:13) und „aus der Decke schlagen" (ebd.:18). Vermutlich dienen diese Einträge der korrekten Verwendung von häufig auftretenden Kollokationen. Die gleiche Aufgabe erfüllen jedoch auch Kontextbeispiele, die W. Frevert in Anführungszeichen am Ende der Einträge angibt, z. B.

„**abbrüten** = Beendigung des Brutgeschäfts bei allem Federwild, z. B. „die meisten Rebhühner hatten schon Ende Mai *abgebrütet*"" (ebd.:7).

Auffällig ist, dass besonders die Einträge zu den Wildarten ungewöhnlich lang sind wie z. B. der Eintrag zum Auerhuhn, welcher sich über fast eine dreiviertel Seite erstreckt. Grund dafür ist, dass W. Frevert nicht nur die Definition zum Auerhuhn gibt, sondern auch ein vollständiges Bild der Art und seiner Lebensweise zeichnet:

> **Auerhuhn,** das (Tetrao urogallus), Auerhahn und Auerhenne, zusammen *Auerwild*, auch *Auergeflügel. Großer Hahn* (Mehrzahl: *Hahnen*) im Gegensatz zum *kleinen Hahn* (Birkhahn), auch *Urhahn*. Die Henne macht ein *Gelege* und bildet mit den Jungen ein *Gesperre*, auch *Kette*. Die rote Haut des Hahnes oberhalb der Augen oder Lichter heißt *Rosen* oder *Flammen* […] Das Auerwild hat Schwingen und *fällt* auf der Erde *ein*, auf einem Baum *an* oder *auf*, es *fußt, tritt, steht* auf diesem *an* oder *schwingt sich ein*, wenn es sich setzt […] (ebd.:15).

Dieser Ausschnitt veranschaulicht sehr deutlich W. Freverts Versuch, die einzelnen Stichworte in einen Kontext zu setzen. Dies dient schlussendlich dem ihm durch sich selbst auferlegten Bildungsauftrages und dem von ihm geforderten Erhalt der Weidmannssprache. Darüber hinaus beschreibt er zum Schluss ebenfalls, wie sich der Jäger bei der Jagd auf das Auerhuhn verhält (vgl. ebd.:16):

> Der Jäger *springt* den balzenden Hahn *an*, da der Hahn während des *Schleifens* taub ist, er muß dabei darauf achten, daß der Hahn von ihm nicht *vertreten* wird. Beim *Einfall* am Abend werden die Hähne oder die *Hahnen* vom Jäger *verlost, verlust* oder *verhört,* um die *Standbäume, Balzbäume* und *Schlafbäume* genau zu wissen. Zu diesem Zweck sucht er auch die *Balzlosung* oder das *Falzpech* zu finden. Der erlegte Auerhahn wird *aufgebrochen* oder besser *ausgefahren* (ebd.:16).

An dieser Stelle wird ebenfalls deutlich, dass ein gewisses Grundwissen über die Jagd notwendig ist, um den Eintrag vollständig zu verstehen. Allerdings hat der Laie wiederum die Möglichkeit, sich dieses Wissen durch das Nachschlagen der durch Kursivdruck markierten Stichworte anzueignen.

5.1.2. Auswahl der Termini

W. Frevert hat sich bemüht, möglichst alle jagdsprachlichen Termini aufzulisten, die im deutschsprachigen Raum verwendet werden oder wurden. Dies schließt auch historische Termini und regionale Varianten einzelner Wendungen mit ein, in deren Einträgen auf das mittlerweile gebräuchlichere Stichwort verwiesen wird. Wie bereits unter 4.1.1. erwähnt, hat er die Termini zur Parforcejagd und Falknerei bewusst nicht aufgeführt, da er die Auffassung vertritt, dass diese nicht der deutschen Jagdtradition zugehörig sind (vgl. ebd.:5).

Das Wörterbuch enthält einen großen Teil an Verben, die in der Weidmannssprache verwendet werden. Während einige davon einem Laien komplett unbekannt sein dürften, wie z. B. „anblatten" (ebd.:12), was das Anlocken eines Rehbockes durch einen Lockruf bezeichnet, erfahren andere Verben lediglich einen Bedeutungswandel. Ein Beispiel für eine Bedeutungsverengung ist der Terminus „durchschneiden", der in der Weidmannssprache „das Zerbeißen der Netze und Holzfallen durch gefangenes Raubwild" (ebd.:30) bezeichnet. Das Gleiche trifft auch auf einige aufgeführte Adjektive und Substantive zu, wie z. B. „edel" als Bezeichnung für „alles, was gut und schön ist" (ebd.:30) und „Ausfahrt" als „Ausgang einer *Röhre* beim Fuchs-, Dachs- und Kaninchenbau" (ebd.:18).

Des Weiteren finden sich im *Wörterbuch der Jägerei* die unterschiedlichen Tierarten, die in den deutschsprachigen Gebieten Europas ihren Lebensraum haben oder hatten. So ist beispielsweise „Bär" (ebd.:21) enthalten, jedoch nicht das Rentier, da dieses Wild einem deutschsprachigen Jäger i. d. R. nicht bekannt war. Wie bereits erwähnt sind die Einträge zu den Wildarten sehr ausführlich und prägen den Lehrcharakter des Wörterbuches. Dadurch entstehen Wortfelder, die die Beziehungen der Termini untereinander deutlich machen.

Ebenfalls zählt W. Frevert die verschiedenen Jagdhunderassen als Teil der jagdsprachlichen Terminologie, z. B. „Deutsch-Drahthaar" (ebd.:28). Diese Entscheidung ist durchaus nachvollziehbar, da der Gebrauch von Hunden bei den Jagdtechniken einzuordnen ist und die Hunde somit ein Werkzeug darstellen. Bei der Zucht dieser Rassen wurde darauf Wert gelegt, dass sie bestimmten Anforderungen entsprechen, um sie in der Jagd optimal einsetzen zu können. So wurden die meisten Rassen für die Jagd auf eine bestimmte Wildart gezüchtet, wie z. B.

der Foxterrier. Der Foxterrier, wie der Name schon suggeriert, wurde vor allem für den Gebrauch bei der Fuchs- und Rattenjagd gezüchtet (vgl. Schuck o. J.).

In den Kontext der Jagdwerkzeuge lassen sich auch sämtliche Termini über die Jagdwaffen und Fanggerätschaften einordnen. Diese wurden ebenfalls von W. Frevert berücksichtigt. Beispiele hierfür sind „Büchse" (Frevert 1966:26), „Bügelverschluß" (ebd.:27) und „Doppelriegelverschluß" (ebd.:29). Es fällt besonders auf, dass W. Frevert manche Jagdwaffen und Fanggerätschaften mit Anmerkungen versehen hat. Als Beispiel dient der „Dachshaken": „**Dachshaken,** der = ein mit Widerhaken versehenes Eisen zum Herausziehen des Dachses beim Graben. Unwaidmännisch!" (ebd.:27).

Zu guter Letzt hat W. Frevert anscheinend auch für ihn bedeutende Persönlichkeiten der Jagd in sein Werk aufgenommen. Auf Seite 28 sind gleich zwei dieser Jagdpersönlichkeiten vermerkt, namentlich C. E. Dietzel, welcher Ende des 18. und Anfang des 19. Jahrhunderts, sowie H. W. Döbel, der Ende des 17. und Anfang der 18. Jahrhunderts lebte. Beide waren bekannte Jagdschriftsteller, so dass die Vermutung nahe liegt, dass W. Frevert in irgendeiner Form durch diese Autoren inspiriert wurde und sie deshalb in seinem Werk verewigte. Die Willkürlichkeit dieser Auswahl zeigt sich allein darin, dass andere m. E. ebenfalls wichtige Persönlichkeiten fehlen, wie z. B. E. Ritter von Dombrowski[4]. Möglicherweise aber wollte er nur historische Persönlichkeiten einbeziehen, zu denen der 35 Jahre ältere E. von Dombrowski nicht zählt. Die Antwort auf die Frage zur Auswahl der Jagdpersönlichkeiten kannte nur W. Frevert selbst und so kann die oben geäußerte Vermutung weder belegt noch widerlegt werden. Letztendlich liegt es ja auch im Ermessen des Autors, welche Termini in ein Wörterbuch aufgenommen werden und welche nicht.

Abschließend lässt sich sagen, dass das Werk tatsächlich einen großen Teil der jagdlichen Terminologie abdeckt. Allerdings liegt es im Ermessensspielraum des Autors, was als zur Weidmannssprache zugehörig gewertet wird, wie es W. Freverts Vorwort zeigt (vgl. ebd.:5).

---

[4] Ungeachtet dessen ist E. Ritter von Dombrowski als Quelle im Literaturverzeichnis aus Seite 100 enthalten.

5.1.3. Methode zum Definieren der Termini

Beim Definieren der jagdsprachlichen Termini bedient sich W. Frevert einer Mischung aus Sprache mit geringem Fachlichkeitsgrad und Jagdterminologie. Dadurch kann eine Person vom Fach sehr schnell mit den gegebenen Definitionen arbeiten, während der Laie zunächst weitere Termini nachschlagen muss, um die Inhaltsseite vollständig zu verstehen. Jedoch sollte der Adressatenkreis des vorliegenden Wörterbuches beachtet werden, nämlich Jäger, Förster, Jagdliebhaber etc. Als Fachwörterbuch entspricht es demzufolge seinem Zweck. Es soll einer mit dem Fach vertrauten Person den Inhalt eines Terminus vermitteln (vgl. Felber/Schaeder 1999:1730). Die in den meisten Definitionen enthaltenen Querverweise stehen im Kursivdruck und erleichtern somit den Umgang mit dem Wörterbuch, z. B. „**Deutsch-Drahthaar** = Jagdhundrasse, *s. Vorstehhund*“ (Frevert 1966:28). Des Weiteren werden dadurch Synonyme und regionale Varianten gekennzeichnet: „**Bürzel,** der, auch *Pürzel*“ (ebd.:27). Falls mehrere Bedeutungsvarianten vorhanden sind, so werden diese nummeriert, um sie voneinander abzugrenzen. So wird „Brutzeit“ (ebd.:26) sowohl als „1. die Brutdauer“ (ebd.:26) als auch „2. die Zeit, in der sich das Brüten abspielt“ (ebd.:26) definiert. Gelegentlich gibt W. Frevert Kontext- und Gebrauchsbeispiele, die das Verstehen erleichtern sollen, z. B. „[die] Hunde sind gut auf Sauen *eingejagt*“ (ebd.:30). Die Länge der jeweiligen Definitionen definiert stark und ist davon abhängig, wie viele Informationen vom Autor als notwendig erachtet wurden, um einen Terminus in seinem gesamten Umfang zu verstehen. I. d. R. fallen die Definitionen zu den Tierarten am längsten aus, obwohl es fragwürdig ist, ob all diese Informationen tatsächlich in eine Definition gehören (vgl. Pepper/Driscoll 1995–2014).

5.2. Jägersprache in Wort und Bild

Das zweite zu analysierende Werk ist *Jägersprache in Wort und Bild* von H. Prossinagg. Als Korpus dienen die ersten 25 Textseiten des zweiten Kapitels *Ausdrücke bei der Jagd allgemein*, da das erste Kapitel lediglich eine Einführung in die Weidmannssprache gibt. Das Korpus beginnt bei *Einteilung der Wildarten* auf

Seite 13 und geht bis „Birschzeichen“ (Prossinagg 2009:41) auf Seite 41. Die Seiten mit Abbildungen wurden nicht mitgezählt, werden jedoch in der Analyse berücksichtigt.

5.2.1. Aufbau

2. Ausdrücke bei der Jagd allgemein

Einteilung der Wildarten

Man muss vorwegnehmen, dass von den hier folgenden Einteilungen einige zoologisch nicht haltbar sein mögen, manche sogar aus heutiger wissenschaftlicher Sicht überholt sind. So gibt es beispielsweise Fälle, in denen eine Wildart zugleich mehreren Klassen zugehört (so findet sich zum Beispiel der Fischotter sowohl beim Raubwild als auch beim Wasserwild).

nach historisch überlieferten Begriffen:

- Wild, das einst nur dem hohen Adel vorbehalten war: ***Hochwild***
  Streng genommen zählt zum Hochwild nur das Schalenwild – mit Ausnahme des Rehwildes –, das Auerwild, der Bär, der Luchs und die Trappe sowie manchmal auch Stein- und Seeadler. Nach heutigem jagdlichen Verständnis wird Rehwild jedoch auch stets zum Hochwild gezählt. In manchen Regionen wird „Hochwild“ mit „Rotwild“ gleichbedeutend verwendet.
- alle Wildarten, die nicht zum Hochwild gehören ***Niederwild***

nach dem äußeren Erscheinungsbild:

- alles Wild, das auf Schalen geht ***Schalenwild***
- alle jagdbaren Säugetiere ***Haarwild***
  zuweilen mit Ausnahme des Schwarzwildes: ***Borstenwild***
- alle Wasservögel, Fischotter und Biber ***Wasserwild***
- alle Vogelarten, die dem Jagdrecht unterliegen ***Federwild, Flugwild***

13

Abbildung 4: Exemplarische Seite aus H. Prossinaggs Werk

Im Gegensatz zu dem ersten Wörterbuch von W. Frevert, bediente sich H. Prossinagg nicht eines alphabetischen Aufbaus, sondern gliederte sein Werk kategorisch. Im zweiten Kapitel werden allgemeine jagdsprachliche Termini vorgestellt, gefolgt von den Wildarten im dritten und den Jagdhundrassen im vierten Kapitel. Zum leichteren Nachschlagen einzelner Termini hat H. Prossinagg außerdem ein Index angeschlossen, welcher alphabetisch geordnet ist (vgl. ebd.:153ff.).

Der Abschnitt *Einteilung der Wildarten* beginnt mit einer kurzen Vorbemerkung, welche klarstellt, dass die vorgenommene Einteilung nicht in allen Fällen aus zoologischer Sicht korrekt oder sogar veraltet ist. Ebenfalls kommt es vor, dass eine Tierart in mehreren Klassen erscheint, wie z. B. der Fischotter, der sowohl zum Raubwild als auch zum Wasserwild gezählt wird (vgl. ebd.:13). Es folgen weitere Untereinteilungen, die durch Fettdruck hervorgehoben sind und mit einem Doppelpunkt zu den Termini und Definitionen überleiten. In manchen Abschnitt findet eine weitere Unterteilung statt, die anstatt des Fettdruckes durch einen vergrößerten Zeichenabstand hervorgehoben wird, z. B. „Bewegungsarten, Verhaltensweisen“ (ebd.:18). Als Besonderheit bei der Gestaltung ist m. E. die Anordnung von Terminus und Definition anzusehen. Mit Anstrichen folgen zuerst die Definitionen, die mit kleinem Buchstaben beginnen. Am rechten Rand stehen dann die dazugehörigen Termini, welche durch Fettdruck und Kursivdruck hervorgehoben sind. Die Gründe für diese Anordnung sind nicht bekannt. Dennoch ist das Nachschlagewerk durchaus übersichtlich. Falls für eine Definition mehrere Ausdrücke vorhanden sind, so werden diese durch Komma abgegrenzt hintereinander angegeben, z. B. „Federwild, Flugwild“ (ebd.:13) für „alle Vogelarten, die dem Jagdrecht unterliegen“ (ebd.:13). Bereits im Vorfeld auf Seite 12 wird der Leser darauf hingewiesen, dass weniger Gebräuchliche Benennungen in Klammern stehen (vgl. ebd.:12). Ein Beispiel hierfür ist „Friedwild, (Pflanzenfresser)“ (ebd.:14) für sämtliches Wild, dass sich ausschließlich von Pflanzen ernährt.

Der Gebrauch von Doppelpunkten in den Definitionen scheint von Zeit zu Zeit etwas willkürlich. Meistens stehen sie dort, wo die Definition aus einer Ellipse besteht, z. B. „Wild, das einst nur dem hohen Adel vorbehalten war“ (ebd.:13) oder „Staat vergibt das Jagdrecht mittels Lizenzen ähnlich Lizenzsystem

(Schweiz)" (ebd.:38). Anmerkungen des Autors stehen im Kursivdruck und wurden in ganzen Sätzen verfasst. Ein solches Beispiel findet sich bereits auf der ersten Seite des Korpus, wo es heißt:

> *Streng genommen zählt zum Hochwild nur das Schalenwild – mit Ausnahme des Rehwildes –, das Auerwild, der Bär, der Luchs und die Trappe sowie manchmal auch Stein- und Seeadler. Nach heutigem jagdlichen Verständnis wird Rehwild jedoch auch stets zum Hochwild gezählt. In manchen Regionen wird „Hochwild" mit „Rotwild" gleichbedeutend verwendet* (ebd.:13).

Dieses Zitat zeigt, dass H. Prossinaggs Anmerkungen dem besseren Verständnis dienen sollen und dem Leser ermöglichen, mehr über die Weidmannssprache zu erfahren. Anmerkungen, die für das Verstehen der Definitionen hilfreich, jedoch nicht zwingend erforderlich sind, befinden sich in runden Klammern: „Gebiet (mit vom Menschen bezeichneten Grenzen), in dem sich das Wild aufhält" (ebd.:15).

Das zu analysierende Korpus umfasst die folgenden Themen in vorkommender Reihenfolge: *Einteilung der Wildarten*; *Revier*; *„Rudelformen"*; *Körperteile*; *Körperliche Verfassung*; *Sinneseindrücke, Wahrnehmung, Verhalten dabei*; *Nahrung, Stoffwechsel*; *Fortpflanzung* und *Jagdbetrieb und Jagdausübung* bis zur Hälfte der Unterkategorie *Verhaltensweisen des Wildes vor/beim/nach dem Schuss*. Es lässt sich ein systematischer Aufbau erkennen. H. Prossinagg beginnt mit den äußeren Umständen, nämlich die Arteneinteilung durch den Jäger, die Lebensräume und die sozialen Formen, in der die Wildarten auftreten. Anschließend befasst er sich mit dem Wild an sich, indem er die Körperteile, die Verfassung, die Wahrnehmung, das Verhalten, die Nahrungsaufnahme sowie die Fortpflanzung benennt und beschreibt. Abschließend folgen Hinweise für den Jäger, wie er sich weidmännisch verhält und wie er nach dem Erlegen des Wildes fortfährt[5]. Ebenso wie diese Gliederung ist auch die weitere Unterteilung zwar subjektiv, aber meistens nachvollziehbar. So geschieht die Untergliederung der Körperteile zunächst von oben nach unten, beginnend mit dem Kopf, über den Rumpf bis hin zu den Füßen (vgl. ebd.:20ff.). Ungünstig platziert ist meiner Meinung

[5] Dieser letzte Punkt ist allerdings nicht mehr Bestandteil des Korpus.

nach *Bauchbereich*, der erst nach den Füßen folgt. Eine Platzierung nach *Brust- und Rückenbereich* wäre vielleicht sinnvoller gewesen. Als Übergang vom äußeren zum inneren Aufbau dienen *Schwanz, Schwanzbereich* und *Geschlechtsteile*, da diese z. T. innen und außen liegen, wie z. B. der After. Zum inneren Aufbau ist alles vom Fleisch, über die inneren Organe bis hin zum Fett zu zählen (vgl. ebd.:27f.). Abschließend wird alles benannt, was zur Haut, zum Fell bzw. zum Gefieder zählt (vgl. ebd.:28ff.). Durch diese Art und Weise der Gliederung wird m. E. der didaktische Nutzen des Werkes gesteigert und ermöglicht es dem Leser, die Zusammenhänger der Termini zueinander zu erkennen.

Als ebenfalls didaktisch wertvoll zu erachten sind die wundervollen Zeichnungen von H. Zeiler. Das Korpus umfasst vier Seiten mit solchen Zeichnungen. Auf Seite 21 befinden sich drei Zeichnungen zu den unterschiedlichen sozialen Formen, nämlich „eine Rotte Sauen", „ein Sprung Rehe" und „ein Volk Rebhühner" (ebd.:21). Ein Bild von „Tier + Kalb" (ebd.:25) ist auf Seite 25 zu sehen und gehört zu dem Gliederungspunkt *Körperteile*. Wie bei den meisten Zeichnungen findet sich hier eine handschriftliche Beschriftung einzelner anatomischer Merkmale, wie z. B. „Lauscher" oder „Lauf" (ebd.:25). Die anderen beiden Zeichnungen sind „starker, verhoffender Hirsch" (ebd.:31) für das Kapitel *Körperliche Verfassung* auf Seite 31 und „Brunft" (ebd.:35) für das Kapitel *Fortpflanzung* auf Seite 35. Bei dieser Abbildung wurden handschriftliche Erläuterungen zur Brunft hinzugefügt. Neben ästhetischen Aspekten helfen diese Abbildungen samt Beschriftungen dem Leser, die Definitionen und Termini besser zu verstehen.

Gelegentlich finden sich Passagen mit Fließtext im Werk, so z. B. als Einleitung zu Beginn des Korpus (vgl. ebd.:13). Außerhalb des Korpus fallen diese Passagen z. T. sehr lang aus und wirken wie Exkurse, für die sich diese Darstellungsweise besser eignet. Ein Beispiel hierfür ist *Jagdarten mit Pferden und Hunden* auf Seite 52 (vgl. ebd.:52).

5.2.2. Auswahl der Termini

Das Werk erhebt keinen Anspruch auf Vollständigkeit, wie es M. Sternath vom Österreichischen Jagd- und Fischerei-Verlag im Vorwort ausdrückt. Vielmehr sollte Augenmerk auf das Wichtige gelenkt werden, nämlich den „lebendigen Kern" der Weidmannssprache zu erhalten (vgl. ebd.:5). Daran ist zu erkennen, dass H. Prossinagg bei der Sammlung und Auswahl der Termini anders vorgegangen ist als W. Frevert. Es verdeutlicht des Weiteren, dass die Zusammenstellung eines Wörterbuches durch subjektive Ansichten beeinflusst wird.

Auf den ersten fünf Seiten des Korpus befinden sich fast ausschließlich Substantive als Termini. Einzige Ausnahme davon ist „markieren“ (ebd.:17) auf Seite 17. Diese Tatsache ist vor allem den Kategorien geschuldet, in die H. Prossinagg die Termini eingeteilt hat. Da es sich auf den ersten fünf Seiten um Termini der Themengebiete *Einteilung der Wildarten* und *Revier* handelt, ist das Überwiegen von Substantiven logisch nachvollziehbar. Ab Seite 18 treten vermehrt auch Verben auf. Diese erscheinen unter der Überschrift *Bewegungsarten, Verhaltensweisen.* Auch hier lässt sich die Auswahl der Termini mit der entsprechenden Kategorie begründen, da beispielsweise die Art der Fortbewegung die Verwendung eines Verbes nahelegt. Auf Seite 18 und vermehrt auf Seite 19 hat H. Prossinagg ebenfalls einige typische Wendungen gegeben, so z. B. „hochflüchtig sein“ (ebd.:18) für ein Tier, das schnell davonläuft, „zu Holze ziehen“ (ebd.:19) für Wild, das in den Wald hinein geht, und „frische Fährte“ (ebd.:19) für eine Fährte, die noch nicht sehr alt ist. Der Gebrauch von Adjektiven ist besonders auf Seite 30 zu verzeichnen, da hier die Termini zur körperlichen Verfassung des Wildes dargestellt werden. Als Beispiel dienen die Antonyme „stark“ (ebd.:30) und „gering“ (ebd.:30). Von einem starken Hirsch wird dann gesprochen, wenn er groß ist, während ein geringer Hirsch eher klein und schmächtig ist.

Des Weiteren unterscheidet sich H. Prossinaggs Werk von dem W. Freverts insofern, dass H. Prossinagg keinerlei lateinische Benennungen verwendet. W. Frevert nutzte diese bei den Wörterbucheinträgen für die Wildarten. Das dritte Kapitel von *Jägersprache in Wort und Bild* mit dem Titel *Ausdrücke bei den Hauptwildarten*[6] ist mit diesen Einträgen in *Wörterbuch der Jägerei* hinsichtlich des Aufbaus vergleichbar, abgesehen von der Art und Weise der Informationsdarstellung. Auch hier liegt es im persönlichen Ermessen des Autors, ob eine solche Angabe der lateinischen Namen sinnvoll und notwendig ist. Allgemein ist festzu-

[6] Auch wenn dieses Kapitel nicht Bestandteil des Korpus ist, so ist diese Beobachtung doch interessant für die Analyse und den Vergleich beider Werke miteinander.

stellen, dass sich H. Prossinagg gemäß dem Vorwort lediglich auf den „lebendigen Kern“ (ebd.:5) der Weidmannssprache beschränkt hat. Dies garantiert die von M. Sternath erwähnte Anschaulichkeit und einfache Handhabung des Werkes (vgl. ebd.:5).

5.2.3. Methode zum Definieren der Termini

Wie bereits unter 5.2.1. erwähnt, stellt H. Prossinagg die Definitionen den dazugehörigen Termini voran. Dazu verwendet er Anstriche, um die Übersichtlichkeit zu bewahren. Die Definitionen selbst sind in stichpunktartigen Ellipsen verfasst und geben einen schnellen Überblick über den Inhalt der Termini. Dies wird dadurch unterstützt, dass die Definitionen kurzgehalten sind und nur die zum Verstehen nötigsten Informationen enthalten. Zusätzlich dienen die Überschriften als Kontext. Die Definition für das Stichwort „Licht“ (ebd.:22), welche lautet „beim Schalenwild“ (ebd.:22), ergibt für den Leser erst einen Sinn, wenn er die Überschriften kennt, nämlich *Sinnesorgane* und *Auge*. Dadurch bedingt beträgt der Umfang i. d. R. nicht mehr als eine Zeile pro Definition. Auf Seite 29 geht diese Beeinflussung durch den Kontext sogar soweit, dass keine weiteren Definitionen gegeben werden. Unter der Überschrift *Unterscheidung nach Lage und Funktion* stehen die Stichworte „Fluggefieder (Großgefieder), Kleingefieder, Körperfedern, Schwungfedern, Steuerfedern, Deckfedern“ (ebd.:29) ohne weitere Erläuterungen. Die Benennungen und das jagdliche Fachwissen lassen Rückschlüsse auf die Position und die Funktion der Federn zu. Die wiederum längste Definition innerhalb des Korpus ist dem Stichwort „Birschzeichen“ (ebd.:41) zugeordnet, umfasst fünf Zeilen und lautet wie folgt:

- alle am Anschuss bzw. auf der Wundfährte gefundenen Zeichen, die auf den Sitz der Kugel schließen lassen (Eingriffe, Ausrisse usw.) – ebenso aber alle vom Wild herrührenden Zeichen im Revier wie Fährten, Betten, Fegestellen, Suhlen, Losung usw. (ebd.:41).

Bei genauerer Betrachtung lässt sich feststellen, dass es sich bei dieser langen Definition eher um zwei Anstriche handelt. Aus diesem Grund ist eine fehlerhafte Formatierung nicht auszuschließen. Andererseits könnte die Darstellung ganz bewusst in dieser Form gewählt worden sein, um zum Ausdruck zu bringen, dass es sich hierbei um einen polysemen Terminus handelt. In dieser Monografie werden die in Kursivdruck verfassten Anmerkungen H. Prossinaggs nicht direkt zu den Definitionen zugehörig angesehen und nehmen somit keinen Einfluss auf die Beurteilung der Länge. Auf Seite 14 jedoch dient die Anmerkung zum Stichwort „Raubwild, (Fleischfresser)“ (ebd.:14) wiederum als Definition:

> *Seit einiger Zeit versucht man, den Ausdruck „Raubwild“ zu vermeiden, weil unter „Raub“ ein rechtswidriges Töten verstanden wird. Statt „Raubwild“ verwendet man daher auch:* ***Beutegreifer***
>
> (ebd.:14).

Allerdings ist dies die einzige Textstelle im Korpus, in der das auftritt.

Die Sprache der Definitionen entspricht überwiegend der Sprache mit einem geringem Fachlichkeitsgrad, beispielsweise „Beeinträchtigung des Wildes durch sehr intensive Jagd“ (ebd.:38) als Definition für „Jagddruck“ (ebd.:38). Fachtermini werden jeweils dann verwendet, wenn kein Ausdruck mit geringem Fachlichkeitsgrad vorhanden ist und eine Umschreibung zu umständlich wäre, z. B. bei den Wildarten wie Schalenwild, Schwarzwild etc. Allerdings fällt auf, dass nicht alle in den Definitionen verwendeten Fachtermini im Wörterbuch als Stichwort aufgeführt und erläutert werden. Der Eintrag zu „Brackieren, Brackenjagd“ (ebd.:40) lautet „Treibjagd mit laut jagender Bracke (meist Hase/Fuchs)“ (ebd.:40). Zunächst ist die Klammer hinter Bracke zumindest für einen Laien irritierend, da es so scheint, als wäre eine Bracke ein Hase oder Fuchs. Hier fehlt die Relation, dass es sich um die Treibjagd auf Hasen oder Füchse handelt. Einen Eintrag zur Bracke selbst ist nicht vorhanden. Bei näherer Recherche ergab sich, dass es außerhalb des Korpus einen weiteren Eintrag zu Brackenjagd gibt, nämlich auf Seite 52. Hier definiert H. Prossinagg gemäß den Überschriften *Historische Begriffe* und *alte Jagd mit Gerätschaften* als „Jagdart mit speziell abgerichteten Hunden (Bracken)…“ (ebd.:52). Ohne eine vollständige Lektüre des Werkes bzw. ohne das entsprechende Fachwissen, ist diese Definition dementsprechend nicht für den Laien komplett verständlich. Allerdings ist ebenfalls zu erwähnen, dass die Zielgruppe des Werkes eher die Gemeinschaft der Jäger ist, denn M. Sternath schreibt in seinem Vorwort, dass die Weidmannssprache „täglich in den Revieren auf dem Prüfstand“ (ebd.:5) steht.

5.3. Customs and Etiquette of the Hunting Field

Als erstes englischsprachiges Korpus dient *Customs and Etiquette of the Hunting Field*, dessen Autor unbekannt ist. Hierfür werden die ersten 25 Seiten des Glossars am Ende des Werkes mit dem Titel *What Is That?* verwendet. Dies beginnt auf Seite 64 mit dem Buchstaben A und endet auf Seite 88 mit dem Stichwort „Poultry Fund“ (Anonymous 2011:88).

5.3.1. Aufbau

WHAT IS THAT?

A

"*All On!*"—A pack is "All on" when every hound comprising it is present. Upon leaving a covert, and at the end of the day's sport, a whipper-in counts ("makes") the pack, and, if all are present, reports "All On, sir!" If some are missing, he reports "Want a couple and a half, sir!" or whatever the number may be.

Apron.—A water-proof apron worn by a fox-hunter to keep the lower limbs dry without the necessity of clumbering himself with a mackintosh.
A wooden inverted V placed, by a hunt, over a wire-fence in order to make it safe to jump. See *Hen-coop.*

Artificial Earth.—A refuge for foxes, made by a hunt, with the object of encouraging foxes to breed or lie in a certain part of its country; it usually consists of two lengths of drain-pipe and a small chamber, as bedroom, where they meet; but there are many forms, some extremely simple, others fitted with all modern conveniences, from h. & c. to air conditioning.

B

Babble.—A hound is said to babble, or to be a "babbler," when it throws its tongue unnecessarily: *e.g.* when it is far behind the leading hounds, or, in covert, without the line of a fox.

Back at the knee.—To be back at the knee is a fault in conformation of both hounds and horses. When viewed from the side, the knee and fore-arm appear to be behind the vertical level of the lower leg.

64

Abbildung 5: Exemplarische Seite aus Customs and Etiquette of the Hunting Field

Der Aufbau von *Customs and Etiquette of the Hunting Field* ist vergleichbar mit W. Freverts *Wörterbuch der Jägerei*, abgesehen von der Spaltenzahl, und dementsprechend ein eher klassischer Aufbau für ein Glossar bzw. Wörterbuch. Das Glossar des Werkes ist alphabetisch geordnet, wobei jede Gruppe mit demselben Anfangsbuchstaben durch den entsprechenden Buchstaben als Überschrift eingeleitet wird. An erster Stelle steht das jeweilige Stichwort in Kursivdruck, wobei der erste Buchstabe in allen Fällen ein Großbuchstabe ist, z. B. „*Babble*" (ebd.:64). Sie schließen mit einem Punkt ab, gefolgt von einem Geviertstrich, welcher die Verbindung zu der darauffolgenden Definition darstellt: „*Billet.*—A billet is a fox's excreta or droppings" (ebd.:65).

An den Stellen, wo es notwendig ist, um Verwechslungen zwischen Verb und Adjektiv auszuschließen, wurde ein „to" durch Komma nachgestellt. Ein solches Beispiel findet sich auf Seite 65 unter dem Stichwort „Back" (ebd.:65). Da hier das Verb gemeint ist und nicht das identische Adjektiv oder Adverb, wurde das Stichwort als „Back, to" (ebd.:65) angegeben. Dadurch ist die Wortart eindeutig erkennbar. Im Vergleich dazu wurde z. B. bei „Babble" (ebd.:64) auf diesen Zusatz verzichtet, da dieses Wort nur als Verb auftreten kann. Das gleiche Verfahren wurde ebenfalls angewendet, um Stichwort näher zu bestimmen. Dies ist bei dem Stichwort „Cogs" (ebd.:71) der Fall, welches als „Cogs, frost" (ebd.:71) aufgenommen wurde. Warum dieses Stichwort allerdings nicht als Stichwort *frost cogs* unter F erscheint, wie es beispielsweise bei „Frost nails" (ebd.:78) der Fall ist, ist nicht nachvollziehbar. Auch das bringt den unregelmäßigen Aufbau des Glossars zum Ausdruck.

Die Definitionen wurden von dem Autor überwiegend in vollständigen Sätzen verfasst, z. B.: „To bed-down is to put down a horse's bed" (ebd.:65). Allerdings finden sich auch an einigen Stellen ellipsenartige Definitionen, beispielsweise bei dem Stichwort „Catch hold" (ebd.:70). Hier bilden Stichwort und Definition gemeinsam eine Art Satz, da in der Definition zunächst die Verwendungssituation der Phrase und anschließend die eigentliche Bedeutung angegeben werden:

> *Catch hold.*—Of a horse: to pull.
>
> Of a huntsman: to catch hold of the pack is to lift the pack (*q.v.*)" (ebd.:70).

Bereits an dieser Stelle lässt sich eine Inkonsequenz des Autors in seiner Arbeitsweise feststellen, da die zweite Definition wieder einen kompletten Satz enthält. Alle Einträge enden jedoch mit einem Punkt.

Querverweise zu anderen Stichwort innerhalb der Definitionen wurden vom Autor z. T. in Anführungszeichen gesetzt, so z. B. auf Seite 86 in der Definition zu „Over at the knee" (ebd.:86). Dort verweist der Autor darauf, dass es sich dabei um „[the] opposite to "back at the knee"" (ebd.:86) auf Seite 64 handelt. Doch auch hier ist die Vorgehensweise nicht kontinuierlich, da an vielen Stellen der Kursivdruck zur Kenntlichmachung von Querverweisen verwendet wurde. Ein solches Beispiel findet sich bereits ganz am Anfang des Korpus auf Seite 64. Am Ende des Eintrages zu „Apron" (ebd.:64) vermerkt der Autor: „See *Hen-coop*" (ebd.:64). Als dritte Möglichkeit der Markierung von Querverweisen wurde die Abkürzung *q.v.* für *quod vide* bzw. nur die Kurzform *vide* verwendet, was dem deutschen *siehe* entspricht. Diese in Klammern gesetzte und in Kursivdruck stehende Abkürzung folgt direkt dem Stichwort, auf das sie sich bezieht. Diese Vorgehensweise wurde z. B. in der Definition zu „Bit" (ebd.:65) verwendet, in der es am Ende heißt „[...] or in the assumed conjunction with those words, means a curb-bit *(q.v.)*" (ebd.:66). An dieser Stelle bezieht sich die Abkürzung auf „curb-bit" (ebd.:66) und verweist auf die zugehörige Definition auf Seite 73. Diese Definition soll im Kapitel 5.3.3. noch genauer betrachtet werden.

Anführungszeichen wurden von dem Autor nicht nur für die oben beschriebene Markierung von Stichwörtern verwendet. Sie dienen auch der Kenntlichmachung von Kontextbeispielen, die der Erleichterung der richtigen Verwendung von Termini dienen. Solche Kontextbeispiele finden sich u. a. im Eintrag zu „Neck-cloth" (ebd.:85). Hier schreibt der Autor: „[i]f you hear a real doggy sort of man complain that a hound "has plenty of neck cloth, eh?" he means that it is a "bit throaty, eh?" [...]" (ebd.:85). Dabei ist zu beobachten, dass diese Zitate tatsächlich so in Gebrauch waren, was durch den Gebrauch der fingierten Oralität, ausgedrückt durch „eh" (ebd.:85) am Ende der Sätze, deutlich wird. Innerhalb des Korpus findet sich ein Zitat auch als Stichwort, nämlich gleich am Anfang des Glossars. Das erste Stichwort lautet „All On!" (ebd.:64) und wurde in Anführungszeichen gesetzt, weil es sich hierbei um eine typische Wendung handelt, die als eigenständiger Satz funktioniert.

Das oben genannte Beispiel zeigt ebenfalls, dass als Stichworte nicht nur Einwortbenennungen und Mehrwortbenennungen, sondern auch Kollokationen und Redewendungen im Glossar berücksichtigt wurden. Auf diese wird u. a. im nächsten Kapitel näher eingegangen.

5.3.2. Auswahl der Termini

Der Untertitel des Werkes, nämlich *With a Guide to the Language and Terms most often used in Fox Hunting*, lässt bereits einige Rückschlüsse auf die Auswahl der Termini zu. Demzufolge wurden lediglich Termini berücksichtigt, die im engeren und weiteren Sinn in Zusammenhang mit der Fuchsjagd zu bringen sind. Da die Fuchsjagd in Großbritannien zu Pferd in Form einer Hetzjagd betrieben wurde, finden sich besonders viele Termini die mit dem Reiten, Pferden und Jagdhunden in Verbindung stehen. Allein in dieser Hinsicht unterscheidet sich das Glossar von W. Freverts Werk, der die Parforcejagd, zu welcher die Fuchsjagd zu zählen ist, explizit ausschließt, weil sie in Deutschland nicht üblich ist (Frevert 1966:5). Des Weiteren führt die Beschränkung des Glossars auf die Fuchsjagd dazu, dass keine Termini enthalten sind, die für andere Wildarten relevant sind, wie z. B. Rehwild oder Schwarzwild. Die beiden anderen Werke hingegen waren bestrebt, möglichst alle im deutschsprachigen Raum vorkommenden Wildarten abzudecken. Diese Tatsache ist ebenfalls ein Indikator dafür, welche Bedeutung die Fuchsjagd in der Kultur Großbritanniens einnimmt. Im Unterschied zu der typischen Jagd in den deutschsprachigen Ländern, die vor allem auch die Regulation des Wildbestandes zum Ziel hat, ist die Fuchsjagd in Großbritannien hauptsächlich als gesellschaftliches Ereignis und Zeitvertreib anzusehen[7][8] (vgl. Griffin 2008).

Wie bei den beiden deutschen Korpora wurde auch in diesem Glossar eine Großzahl an Substantiven aufgenommen. Viele dieser Substantive haben eine

---

7 Zumindest gilt dies für die Zeit, in der das Werk entstanden ist. Aktuell ist die Fuchsjagd in Großbritannien ein stark umstrittenes Thema und seit 2005 sogar verboten.

8 Historisch gesehen lässt sich die Jagd sowohl in den deutschsprachigen als auch den englischsprachigen Ländern auf einen Kern zurückführen, nämlich auf die Versorgung mit Nahrung. Auch wenn viele Jäger das Wild für den Eigenverbrauch erlegen, ist dies heute nicht mehr von großer Bedeutung und deswegen an dieser Stelle zu vernachlässigen.

Bedeutungsveränderung erfahren, beispielsweise durch Bedeutungsverengung oder Metaphern. So z. B. bei dem Stichwort „Brush" (Anonymous 2011:68). Während *brush* im Englischen allgemein eine Bürste oder einen Pinsel bezeichnet, steht es in der englischen Weidmannssprache als Metapher für den Schwanz des Fuchses, der tatsächlich wie ein Pinsel aussieht, der in weiße Farbe gestippt wurde. Andere Termini wurden hingegen samt ihrer ursprünglichen Bedeutung aus der jeweiligen Sprache übernommen und m. E. nur der Vollständigkeit halber in das Glossar mit aufgenommen. So ist die Bedeutung des Wortes *apron* eigentlich allgemein bekannt, doch wurde es dennoch von dem Autor berücksichtigt, weil es ein häufig verwendeter Gegenstand in der Fuchsjagd ist, wie nachfolgend beschrieben: „A water-proof apron worn by a fox-hunter to keep the lower limbs dry without the necessity of clumbering himself with a mackintosh" (ebd.:64). Die Bedeutung erfährt dementsprechend keinen Wandel, maximal eine leichte Bedeutungsverengung durch den spezifischen Einsatzzweck in der Fuchsjagd.

Die substantivischen Termini umfassen u. a.

- Ausrüstungsgegenstände für die Fuchsjagd, wie z. B. „Apron" (ebd.:64) – eine Schürze zum Schutz vor Regen – und „Curry-comb" (ebd.:73) – ein Striegel –,
- Bezeichnungen der Anatomie von Füchsen, Hunden oder Pferden, z. B. „Brush" (ebd.:68) für den Schwanz des Fuchses„„Muzzle" (ebd.:85) für die Schnauze eines Hundes oder eines Pferdes und „frog" (ebd.:78) – ein Teil des Pferdehufes –,
- Eigennamen von wichtigen Persönlichkeiten oder Institutionen, z. B. „Curre" (ebd.:73) – ein zu der Zeit bekannter Züchter – und „Peterborough" (ebd.:87) als Kurzform für die „Peterborough Royal Foxhound Show" (ebd.:87), welche eine Hundeausstellung und die gleichnamige Organisation bezeichnet,
- Eigennamen bezüglich des Jagdreviers, z. B. „Covert" (ebd.:72) – jegliche Arten von Unterholz mit Ausnahme von speziellen Waldgebieten – und „Bullfinch" (ebd.:68) – ein Reithindernis – und

- Begriffe aus der Jagdpraxis, z. B. „Field“ (ebd.:77) als Bezeichnung für die Jagdgesellschaft zu Pferd mit Ausnahme der Jagddiener und „Meet“ (ebd.:84) – die Versammlung und der Versammlungsort der Jagdgesellschaft vor der Jagd.

Auffällig ist, dass keine Termini bezüglich des Erlegens der Füchse enthalten sind. Dies liegt vor allem in der Natur der Parforcejagd, da Jagdgesellschaft an diesem Vorgang nicht direkt beteiligt war und von den Berufsjägern übernommen wurde. Das erklärt jedoch auch, warum sich eine große Anzahl der Termini mit Pferden und dem Reiten befasst. Diese Aspekte gehörten eher zu den Aufgaben und Interessen der Damen und Herren zu Pferd und da anzunehmen ist, dass der Autor des Werkes selbst Teil dieser Jagdgemeinschaft war und es für eben diese geschrieben hat, entspricht es auch dem Zweck. Des Weiteren muss berücksichtigt werden, dass die Zusammenstellung eines Glossars und die Auswahl der Termini rein subjektiv sind, wie bereits zuvor schon erwähnt. So hat der Autor einige Termini als relevant erachtet, die einem Leser überflüssig vorkommen könnten. Ein solcher Terminus ist m. E. „Double-whiskey“ (ebd.:75). Allerdings begründet der Autor mithilfe seiner Definition in gewisser Weise, warum er gerade diesen Terminus als für die Fuchsjagd wichtig erachtet: „A double-whiskey is, as all the world knows, the staple diet and only nourishment of fox-hunters“ (ebd.:75).

Für den Leser hilfreich sind vor allem gebräuchliche Abkürzungen, die ebenfalls im Glossar berücksichtigt wurden. Gleich mehrere Beispiele dafür finden sich auf Seite 84 unter M: „M.F.H.“ (ebd.:84) für Master(s) of Foxhounds, „M.F.H.A.“ (ebd.:84) für Masters of Foxhounds Association und „M.H.“ (ebd.:84) für Master of Hounds. Zu beobachten ist, dass alle drei Abkürzungen thematisch in Zusammenhang stehen und es die einzigen Abkürzungen im Glossar sind. Eventuell weist dies darauf hin, dass Abkürzungen innerhalb der Terminologie der Fuchsjagd eher selten vorkommen und nur bei sehr langen Funktionsbezeichnungen verwendet wurden, vielleicht auch nur innerhalb der Schriftsprache.

Der Autor hat ebenfalls Verben, Adverbien und Adjektive in seinem Glossar berücksichtigt, die im Rahmen der Fuchsjagd verwendet werden. Auch diese unterliegen z. T. einem Bedeutungswandel, wie z. B. „Capped“ (ebd.:70) auf Seite 70. In diesem Fall bezeichnet es eine Abriebstelle beispielsweise am Sprunggelenk eines Pferdes und ist demzufolge eine Bedeutungsverengung. Das Gleiche gilt für „Chop“ (ebd.:70) was im jagdlichen Kontext eine andere Bedeutung erhält als die ursprüngliche, nämlich dass ein Fuchs während des Schlafes bzw. ohne vorherige Hatz erlegt wird (ebd.:70).

Wie auch bei W. Frevert finden sich des Weiteren einige typische Kollokationen und Redewendungen im Werk wieder. Ein Beispiel für eine Kollokation wäre „Make a pack“ (ebd.:70), was das Zählen der Hunde in einer Meute bezeichnet. Eine Redewendung stellt das Stichwort „Hold up!“ (ebd.:81) auf Seite 81 dar. Diese Wendung wird verwendet, um ein strauchelndes Pferd zu ermuntern.

Es lässt sich also feststellen, dass der Autor versucht hat, ein möglichst vollständiges und für den Anfänger hilfreiches Glossar der Fuchsjagd zu erstellen. Darum werden andere jagdlich Termini komplett außer Acht gelassen. Allerdings gibt es m. E. viele Überschneidungen mit anderen Fächern, namentlich des Reitsports und der Hundezucht, was sich jedoch durch die besonderen Eigenschaften der Parforcejagd erklären lässt.

5.3.3. Methode zum Definieren der Termini

Wie bereits erwähnt nutzte der Autor vollständige Sätze, um die Termini zu definieren. Sprachliche gesehen bestehen die Definitionen aus der zu dieser Zeit gebräuchlichen Sprache und falls fachsprachliche Termin enthalten sind, so wurden die entsprechenden Querverweise angegeben, z. B. „[t]o a fox-hunter, all woods are “coverts,” unless they happen to be woodlands. *(q.v.)*“ (ebd.:72). Auffällig ist, dass das Stichwort in der Definition jeweils wiederholt wird, wenn z. T. auch nur indirekt:

> *Crib-biting.*—A horse crib-bites when he catches a manger, wall, or other protruding object, with his teeth, arches his neck, and then swallows air. It is a stable-vice (ebd.:73).

Es gibt allerdings auch einige Ausnahmen, in denen diese Wiederholung des Stichwortes nicht vorgenommen wurde, beispielsweise bei „Curry-comb“ (ebd.:73). Die Definition dazu lautet wie folgt:

> *Curry-comb.*—A grooming tool, upon which the body-brush should be wiped occasionally in order to rid it of accumulated dirt; it should not be used on clipped horses (ebd.:73).

Bei genauerer Betrachtung lässt sich feststellen, dass das Werk vermutlich von einer Person verfasst wurde, die mit den Regeln des Definierens von Termini nicht vertraut war. Ein üblicher Aufbau einer Definition besteht gemäß M. Pepper und D. L. Driscoll aus drei Teilen:

1. der zu definierende Terminus,
2. die Klasse, in die der Terminus eingeordnet wird und
3. die Eigenschaften, die den Terminus von anderen dieser Klasse abgrenzen (vgl. Pepper/Driscoll 1995–2014).

Unter diesen Aspekten lässt sich das folgende Beispiel weder als vollständige Definition einordnen, noch Hilft es dem Leser beim Verstehen des Terminus: „*Curb-bit.*—A curb-bit is a curb-bit“ (Anonymous 2011:73). Dem Autor genügte m. E. diese Definition, da sowohl „Curb“ (ebd.:73) als auch „Bit“ (ebd.:65) bereits im Glossar enthalten sind und er diesen Terminus nur der Vollständigkeit halber aufgenommen hat. Dennoch ist es für den Leser zunächst irritierend, zumal die entsprechenden Verweise auf die beiden zugrunde liegenden Termini fehlen.

Des Weiteren wird der Autor in einigen Einträgen sehr umgangssprachlich, was für ein Glossar ebenfalls unüblich, wenn nicht unangemessen ist. Diese Umgangssprache findet sich gleich in mehreren Einträgen und erweckt das Gefühl, dass der Autor direkt mit dem Leser kommuniziert, wie z. B. auf Seite 67 im Eintrag zu „Bottom“ (ebd.:67): „*Bottom.*—No, madam, *not*that. To a fox-hunter, a bottom means only one thing—a big deep ditch” (ebd.:67). Auch wenn dies für einen Leser der Gegenwart amüsant sein mag und auch einige Rückschlüsse über die Sitten der damaligen Zeit zulässt, so wirkt es doch aus heutiger Sicht in einem Glossar unangebracht. Auch auf Seite 80 tritt der Autor in Erscheinung, indem er seine eigene Meinung in Klammern zum Ausdruck bringt, nämlich in dem Eintrag zu „Hack, a“ (ebd.:79), wo es heißt:

> […] Nowadays, a hack is either a riding-school horse or a highly trained type of show-horse, conversant with the meaning of such terms as Piaffe, and Pouffe (which I am not) (ebd.:80).

Unklar bleibt, warum der Autor diese Anmerkung als notwendig erachtete.

Falls für einen Terminus mehrere verschiedene Bedeutungen vorhanden sind, wurde die entsprechende Anzahl an Definition angeführt. Hierzu hat der Autor Absätze und Einrückungen genutzt, um klar erkenntlich zu machen, wo eine Definition endet und die nächste beginnt, wie beispielsweise auf Seite 88:

> *Plate.*—The super-horsey, among whom are fortunately numbered but few fox-hunters, are apt to talk of "the plate" when they mean "the saddle"—why, goodness knows.
>
> A plate is also a perfectly legitimate and un-horsey term for a very light racing shoe, and to "plate" a horse is to fit it with such shoes (ebd.:88).

Innerhalb einer Definition wurde eine Unterteilung mit (a) und (b) bzw. Semikolon genutzt, um Bedeutungsnuancen zu kennzeichnen, z. B. auf Seite 76 in dem Eintrag zu „Draw“ (ebd.:76): „[t]o draw a hound is (a) to draw it; (b) to seperate it from the remainder of the pack“ (ebd.:76).

Um den korrekten Gebrauch der Termini zu erleichtern, wurden in einigen Einträgen auch Kontextbeispiele gegeben, wie beispielsweise „has plenty of neck cloth, eh“ (ebd.:85). Meist geschieht die in Form von kurzen Phrasen und Kollokationen anstatt in vollständigen Sätzen und wird mit Anführungszeichen markiert.

Gelegentlich bezieht sich der Autor innerhalb der Definitionen auf eine bestimmte Quelle, namentlich auf das *Manual of Equitation and Horsemastership.* An diesen Stellen bestehen die Definitionen fast ausschließlich aus Zitaten, was durch den Gebrauch von Anführungszeichen kenntlich gemacht wurde. Ein Beispiel hierfür findet sich auf Seite 71 unter dem Stichwort „Collect“ (ebd.:71):

> *Collect.*—To collect a horse is "to ride him 'twixt hand and heel." According to the *Manual of Equitation and Horsemastership*, "a horse is said to be collected when his head is raised and bent at the poll, the jaw relaxed, and the hocks brought well under him, so that he has the maximum control

over his limbs and is in a position to respond instantly to the least indication of his rider." So now you know (ebd.:71).

5.4. Deer Hunter's Illustrated Dictionary

Das letzte Werk ist *The Deer Hunter's Illustrated Dictionary* von L. L. Rue III und wurde in den USA veröffentlicht. Als Korpus dienen hier die ersten 25 Seiten nach der Einleitung mit Ausnahme der Seiten, die einen neuen Buchstaben einleiten. Diese beiden Seiten sind jeweils eine Abbildung ohne Bildunterschrift und der Buchstabe in Großformat, unter dem die nachfolgenden Stichworte aufgeführt sind. Das Korpus beginnt auf Seite 4 mit A wie „Aberrant behavior" (Rue, III 2001:4) und endet auf Seite 31 mit „Bez tine" (ebd.:31). Wie der Titel bereits ahnen lässt, gilt dieses Wörterbuch allein dem Schalenwild.

5.4.1. Aufbau

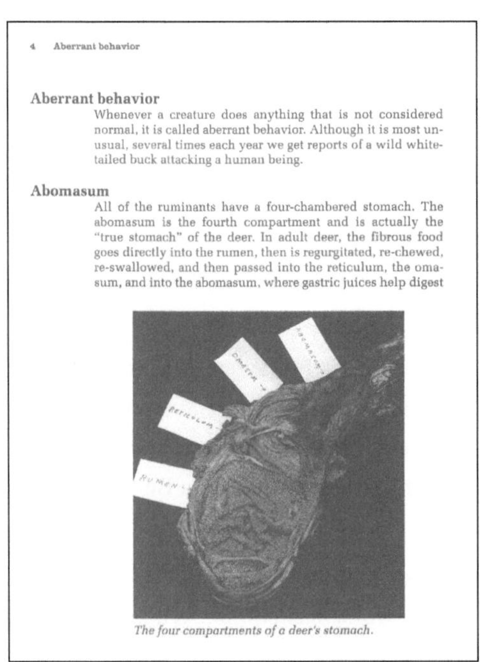

4 Aberrant behavior

Aberrant behavior
Whenever a creature does anything that is not considered normal, it is called aberrant behavior. Although it is most unusual, several times each year we get reports of a wild white-tailed buck attacking a human being.

Abomasum
All of the ruminants have a four-chambered stomach. The abomasum is the fourth compartment and is actually the "true stomach" of the deer. In adult deer, the fibrous food goes directly into the rumen, then is regurgitated, re-chewed, re-swallowed, and then passed into the reticulum, the omasum, and into the abomasum, where gastric juices help digest

The four compartments of a deer's stomach.

Abbildung 6: Exemplarische Seite aus L. L. Rues Werk

Das Wörterbuch ist wie das Wörterbuch von W. Frevert und das Glossar des anonymen Autors alphabetisch geordnet. Wie auch bei den anderen beiden Werken, werden die Stichworte durch den jeweiligen Großbuchstaben eingeleitet – hier immer auf einer kompletten Seite. Noch davor findet sich auf einer ganzen Seite je eine Abbildung, die auch im Kapitel vorkommt (siehe Abb. 7).

Abbildung 7: Einleitung der Termini in L. L. Rues Werk

Abgesehen von diesen zwei großen Abbildungen, enthält das Korpus 16 Schwarzweißfotografien mit entsprechenden Bildunterschriften. Solche Abbildungen, die nicht von L. L. Rue persönlich aufgenommen wurden, enthalten in der Bildunterschrift zusätzlich den Namen des Urhebers. Die Abbildungen sind bestimmten Einträgen zugeordnet, indem sie unter und in dem Fließtext erscheinen, und dienen dem besseren Verständnis der Definitionen. Des Weiteren erfüllen die Abbildungen eine ästhetische Funktion.

Die Stichwörter dienen als Überschrift für die nachfolgende Definition. Zur deutlicheren Abhebung wurden hier eine höhere Schriftgröße sowie der Fettdruck gewählt. Bei Mehrwortbenennungen und Phrasen wird lediglich der erste Buchstabe des ersten Stichwortes großgeschrieben, wodurch sich das Werk in diesem Punkt von dem des anonymen Autors unterscheidet. In den Fällen, in denen das Stichwort eine Wildart ist, wurde die entsprechende lateinische Benennung in Klammern und Kursivdruck dahinter gesetzt, beispielsweise auf Seite 10, wo es heißt: „**Alaskan barren ground caribou *(Rangifer tarandus granti)***" (ebd.:10). Bereits eingeführte lateinische Benennungen werden in nachfolgenden Einträgen abgekürzt, z. B. „**Barren ground caribou *(R. t. groenlandicus)***" (ebd.:28). *R. t.* steht hier für das zuvor eingeführte *rangifer tarandus*, was auf Deutsch *Ren* bedeutet, zu denen das Karibu gehört. Als Besonderheit lässt sich bei den Stichworten noch feststellen, dass sie nicht immer im Singular stehen, beispielsweise „Autoloading rifle" (ebd.:21). Warum der Autor an dieser Stelle den Plural dem Singular vorgezogen hat, kann nicht festgestellt werden.

Die zu den Stichworten gehörigen Definitionen stehen direkt unter den Stichworten und sind eingerückt, wodurch das Auffinden der Stichworte erleichtert wird, da Stichwort und Definition sich deutlich voneinander abheben, wie im folgenden Beispiel deutlich wird:

> **Amniotic fluid**
>
> The fluid inside the amniotic sac that surrounds and protects the developing fetus while it is being carried inside the female's uterus (ebd.:15).

L. L. Rue schreibt überwiegend in vollständigen Sätzen, doch z. T. finden sich auch Ellipsen, wie das obenstehende Beispiel zeigt. Alle Definitionen enden, bedingt durch die Verwendung von Sätzen, mit einem Punkt. Das Gleiche gilt für die Bildunterschriften, welche, abgesehen von den Urheberangaben, in Kursivdruck stehen.

Die Länge der Einträge variiert stark. Der kürzeste Eintrag innerhalb des Korpus – „Barren ground caribou" (ebd.:28) – umfasst lediglich zwei Zeilen, während der längste – „Aging by the teeth" (ebd.:8) – ca. eine halbe Seite einnimmt[9]. Z. T. sind

[9] Die zugehörige Abbildung wurde nicht bei der Berechnung der Länge berücksichtigt.

die Texte in mehrere Absätze und Einrückungen untergliedert, was zur allgemeinen Übersichtlichkeit des Werkes beiträgt.

Im Gegensatz zu beispielsweise W. Freverts Werk, ist *The Deer Hunter's Illustrated Dictionary* insgesamt sehr platzintensiv gestaltet und wirkt so nicht wie ein übliches Wörterbuch. Zwischen zwei Einträgen wurde jeweils ein Abstand von ca. einer Zeile in der Schriftgröße der Stichworte gelassen. Dies und die große Schriftart der Stichworte führen dazu, dass maximal vier Stichworte auf einer Seite stehen.

Anführungszeichen verwendet L. L. Rue zum einen, um direkte Zitate zu kennzeichnen, wie z. B. im Eintrag zu „Anti-hunter" (ebd.:17). Dort heißt es:

> [...] Dr. John Applegate, working with polling experts from Rutgers University's Eagleton Institute of Politics, found, "The greatest opposition to hunting comes from college age females living in urban areas who know nothing about wildlife" (ebd.:17).

Aus welchem Werk dieses Zitat stammt ist allerdings nicht nachvollziehbar, weil keine weiteren Quellenangaben außer denen im Fließtext vorhanden sind. Dies könnte wiederum darauf hindeuten, dass es sich um ein direktes Zitat der besagten Person handelt, welches von L. L. Rue wiedergegeben wurde. Des Weiteren verwendet er die Anführungszeichen um Redewendungen bzw. einen ungewöhnlichen Gebrauch von Worten und Wortgruppen zu kennzeichnen. Ein Beispiel für die Verwendung von Redewendungen findet sich auf Seite 20 unter dem Stichwort „Atrophy" (ebd.:20), wo L. L. Rue schreibt „[t]he old saying of "use it or lose it" is true" (ebd.:20). Als Beispiel für einen ungewöhnlichen Gebrauch von Wörtern dient der Eintrag zu „Antlers" (ebd.:19). Dort spricht Rue von „a network of external blood vessels in a "furry" velvet on the outside of the antler" (ebd.:19). Da es sich hier nicht tatsächlich um Fell handelt, das sich auf dem Geweih befindet, wurde *furry* an dieser Stelle in Anführungszeichen gesetzt. Als Letztes treten die Anführungszeichen ebenfalls im Zusammenhang mit üblichen Benennungen auf, die häufig gebraucht werden, wie es am Beispiel von „Bean pole woods" (ebd.:29) zu sehen ist, wo es heißt: „[w]hen an area is being reforested and the brush grows beyond the reach of the deer, the thin saplings are known as "beanpoles"" (ebd.:29).

Ebenfalls hat die Verwendung von Kursivdruck innerhalb der Einträge[10] mehrere Bedeutungen in L. L. Rues Wörterbuch. So zeigt es einerseits in Verbindung mit *see* Querverweise zu anderen Einträgen innerhalb des Wörterbuches an, beispielsweise im Eintrag zu „Aging by the teeth“ (ebd.:8). Im letzten Abschnitt des Eintrages heißt es, dass „the layers of cementum are counted as one would count the growth rings on a tree. See *cementum*” (ebd.:9). Dadurch werden dem Leser das Verstehen der Definition, sowie das Auffinden verwandter Begriffe erleichtert. Wie auch in den Überschriften verwendet L. L. Rue den Kursivdruck ebenfalls, um lateinische Benennungen zu kennzeichnen. Eine starke Häufung dieses Verwendungszwecks findet sich auf Seite 13 innerhalb des Eintrages zu „Alces“ (ebd.:13), da hier bereits das Stichwort lateinisch ist. Am Ende des Eintrages beschreibt er den Aufbau der lateinischen Benennungen: „[w]ithin the species, different subspecies are further identified with a Latin subspecies name, such as *alces americana, alces andersoni,* and *alces gigas*“ (ebd.:13).

Anmerkungen bzw. Ergänzungen kommen in L. L. Rues Werk sehr selten vor. Innerhalb des Korpus geschieht dies nur ein einziges Mal in der Definition zu „Allen's Rule“ (ebd.:14). Dort schreibt L. L. Rue, dass „[t]his rule is borne out by the Coues white-tailed deer of southern Arizona, which have much larger ears and tail (compared to body size) than do northern deer“ (ebd.:15).

Trotz des nicht klassischen Aufbaus des Wörterbuches, ist es m. E. doch sehr leserfreundlich und übersichtlich.

5.4.2. Auswahl der Termini

Laut seiner Einleitung, ist L. L. Rue ständig bestrebt, neue Termini zu lernen. Das vorliegende Werk hat er zusammengestellt, damit andere die Welt des Schalenwildes und die Jagd auf sie besser verstehen können. Seine Auswahl kann also als eine Sammlung an Termini betrachtet werden, die für diesen Zweck notwendig und hilfreich sind. Dabei sind die Auswahlkriterien wieder rein subjektiv.

10 Von der Betrachtung ausgenommen sind an dieser Stelle die Überschriften und Bildunterschriften, da diese bereits Erwähnung gefunden haben.

Wie bereits zuvor erwähnt, umfassen die Stichworte nicht nur Einwortbenennungen und Mehrwortbenennungen, sondern auch Kollokationen und Phrasen, wie z. B. „Aging by the teeth“ (ebd.:8). Das Korpus enthält allerdings ausschließlich Stichworte, die einem Substantiv zu Grunde liegen. Meistens sind es Adjektiv-Substantiv-Kompositionen, beispielsweise „Alluvial plain“ (ebd.:15). Verben kommen innerhalb des Korpus gar nicht vor. Eine Möglichkeit ist, dass für die Schalenwildjagd keine fachspezifischen Verben vorhanden sind, da sie (a) der englischen Weidmannssprache allgemein bzw. (b) der englischen Sprache zuzuordnen sind. Auf der anderen Seite ist es möglich, dass L. L. Rue die Verben als für sein Wörterbuch nicht wichtig erachtet hat. Der abschließende Vergleich der deutschen und englischen Weidmannssprache unter Kapitel 6. wird diesen Umstand näher beleuchten.

Die meisten der von L. L. Rue ausgewählten und im Korpus enthaltenen Termini lassen sich in die folgenden Kategorien einteilen[11]:

1. Anatomie;
2. Jagd und der Faktor „Mensch“;
3. Lebensraum;
4. Verhalten und
5. Wildarten.

Die Kategorie Anatomie bezeichnet alle Termini, die mit dem inneren und äußeren Aufbau von Schalenwild im Zusammenhang stehen, z. B. „Bell“ (ebd.:30) – ein Hautlappen, der vom Kinn eines Elches hängt – oder „Abomasum“ (ebd.:4) – ein Teil des Magens von allen Schalenwildarten. Unter diese Kategorie fallen ebenfalls alle Phrasen, welche weitere Informationen über einen Körperteil geben, beispielsweise über das Wachstum und die Entwicklung, wie es bei dem Stichwort „Antler regression“ (ebd.:17) der Fall ist. Hier beschreibt der Autor die

[11] Es ist möglich, weitere Kategorien zu benennen bzw. die nachfolgenden Kategorien weiter zu untergliedern, doch dies sind m. E. die wichtigsten. Die Kategorien sind nicht nach Häufigkeit oder Wichtung, sondern alphabetisch geordnet.

Entwicklung und Rückbildung des Geweihs in Abhängigkeit von der Ernährung des Wildstücks.

Die zweite Kategorie beinhaltet alle Termini, die sowohl in Verbindung mit der Jagd auf Schalenwild stehen, als auch alle anderen Einflüsse, Maßnahmen etc., durch die der Mensch in Kontakt mit dem Schalenwild und seinem Lebensraum kommt. Diese Kategorie wurde bewusst so weit gefasst, da L. L. Rue an vielen Stellen Termini aufführt, die nicht im direkten Zusammenhang mit der Jagd stehen, beispielsweise „Aerial transects" (ebd.:6). Hier wird eine Methode zum Zählen von Wild aus der Luft genauer definiert. Die Ergebnisse können Einflüsse auf die Jagd haben in Form von Jagdverboten, aber der Vorgang per se ist nicht der Jagd zuzuordnen. Anders verhält es sich mit Waffen und Ausrüstungsgegenständen, die von Jägern verwendet werden und somit im direkten Zusammenhang mit dem Vorgang der Jagd zu bringen sind. Demnach sind „Backpack" (ebd.:26) und „Autoloading shotguns" (ebd.:21) ebenfalls dieser Kategorie zuzuordnen. Ebenso verhält es sich mit den Termini, die Vorgänge während oder nach erfolgreicher Jagd beschreiben, wie beispielsweise „Baiting" (ebd.:26) – das Ködern von Wild – oder „Aging meat" (ebd.:9), wo das korrekte Abhängen von Wildbret beschrieben wird.

Die dritte Kategorie heißt *Lebensraum* und umfasst sämtliche Termini, die den Lebensraum, die Schlafplätze etc. des Schalenwildes beschreiben. Dazu gehören Termini wie „Bedding area" (ebd.:30) – die Stelle, an der sich das Schalenwild zum Widerkäuen niederlässt –, „Alluvial plain" (ebd.:15) – sogenannte Schwemmlandebenen –, aber auch indirekt „Alfalfa" (ebd.:13), da das Vorkommen dieser Pflanze Rückschlüsse auf den Lebensraum bestimmter Schalenwildarten zulässt.

Zu *Verhalten* zählen alle Termini, die mit den Bewegungen, den Lauten und dem Handeln von Schalenwild in unterschiedliche Situationen verbunden sind, z. B. „Alarm posture" (ebd.:10) – das Anheben des Kopfes als Zeichen der Alarmbereitschaft –, „Alarm bark" (ebd.:9) – der Warnruf einer Elchkuh bei Gefahr – und ebenfalls „Aberrant behavior" (ebd.:4) – für jegliche Form von atypischen Verhalten.

Die letzte Kategorie kann zugleich auch als wichtigste betrachtet werden, da sie alle Termini enthält, die die Wildarten unter dem Oberbegriff *Schalenwild* benennen, wie z. B. „Alaskan-Yukon moose *(Alces alces gigas)*" (ebd.:12) – zu Deutsch *Alaska-Elch*.

Einige Termini innerhalb des Korpus lassen sich nicht eindeutig oder gar nicht einer der oben genannten Kategorien zuordnen, doch die Einteilung eines jeden Terminus ist auch nicht Gegenstand dieser Abhandlung. Die Kategorien geben jedoch einen guten Überblick darüber, welche Arten von Termini bezüglich des Themas von L. L. Rue berücksichtigt wurden.

Wie auch bei den zuvor untersuchten Korpora lässt sich feststellen, dass sowohl Termini mit geringem Fachlichkeitsgrad, z. B. „Backpack" (ebd.:26), als auch Termini aus anderen Fachgebieten, z. B. aus der Biologie im Falle der Wildartenbezeichnungen, im Wörterbuch verwendet wurden. Dies hängt vor allem mit der Arbeitsweise L. L. Rues zusammen, da er laut seiner Einleitung „biological, zoological, and scientific dictionaries" (ebd.:ix) besitzt und liest. Dennoch verleitet die häufige Überschneidung mit anderen Fachgebieten sowohl in diesem Werk als auch in *Customs and Etiquette of the Hunting Field* zu der Frage, ob es eine englische Weidmannssprache tatsächlich gibt. Widerlegt wird diese Vermutung durch m. E. definitiv jagdsprachlichen Termini, wie z. B. „Bed" (ebd.:29) – der Abdruck des Schalenwildes an der Stelle, an der es sich niedergelassen hat. Diese lassen sich häufig auf Termini mit geringem Fachlichkeitsgrad zurückführen, die einen Bedeutungswandel erfahren haben. Solch eine Vorgehensweise ließ sich auch in den anderen Korpora feststellen und folgt den gleichen Regeln. Dementsprechend handelt es sich bei dem Terminus „Bed" (ebd.:29) um eine Bedeutungsverengung, da *bed* in der weniger fachlichen Sprache eine Schlafstätte des Menschen bezeichnet.

Im Vergleich zum Glossar aus *Customs and Etiquette of the Hunting Field* fällt auf, dass die Termini moderner wirken. Dies lässt sich durch die unterschiedliche Entstehungszeit der beiden Werke sowie durch die thematischen Eingrenzungen erklären, da die Fuchstreibjagd in der heutigen Zeit an Bedeutung verliert, während die Jagd auf Schalenwild nach wie vor beliebt ist, wie es aktuelle Jagdzeitschriften wie *Outdoorlife* belegen (vgl. Bonnier Corporation 2014).

5.4.3. Methode zum Definieren der Termini

Die Definitionen wurden von L. L. Rue in vollständigen Sätzen verfasst und unter Verwendung einer Sprache mit geringem Fachlichkeitsgrad. In den Fällen, wo ein Fachterminus unvermeidlich war, wurden von L. L. Rue i. d. R. die entsprechenden Verweise hinzugefügt, z. B. „[s]ee *Lyme disease*" (Rue, III 2001:19). Es gibt jedoch auch einige Ausnahmen, beispielsweise in dem Eintrag zu „Abomasum" (ebd.:4). Dort beschreibt der Autor den Weg der Nahrung innerhalb des Verdauungstraktes wie folgt: „the fibrous food goes directly into the rumen, then is regurgitated, re-chewed, re-swallowed, and then passed into the reticulum, the omasum, and into the abomasums" (ebd.:4). Obwohl *rumen, reitculum* und *omasum* an den entsprechenden Stellen im Wörterbuch erläutert werden, so wird in der Definition nicht direkt auf die zugehörigen Einträge verwiesen. Der Grund hierfür ist nicht bekannt. Es ist möglich, dass L. L. Rue es nicht für notwendig gehalten hat, da sich die Grundbedeutungen der Termini bereits aus dem Kontext und der Abbildung im Eintrag ableiten lassen. Dafür gibt es allerdings keine Belege.

Allgemein entsprechen die Definitionen in *The Deer Hunter's Illustrated Dictionary* nicht immer den Konventionen, wie sie z. B. von M. Pepper und D. L. Driscoll postuliert werden. Diese wurden bereits unter Kapitel 5.3.3. erläutert. Demzufolge stellt der erste Satz im Eintrag zu „Adrenaline" (ebd.:5) eine korrekte Definition dar. Dieser lautet: „[a]drenaline is a hormone, produced by the adrenal glands, that enters the bloodstream during times of stress" (ebd.:5). Die Definition zu „Aggression" folgt hingegen nicht den Konventionen und gleicht eher einer Anmerkung oder Erläuterung anstatt einer Definition des Terminus *aggression*: „[u]nlike human aggression, which is usually the result of a calculated move, aggression in members of the deer family is usually in response to hormonal influence" (ebd.:7). Um den Inhalt des Eintrages vollständig zu erfassen, muss der der Leser wissen, was Aggression beim Menschen ist. Des Weiteren gibt L. L. Rue eine Vielzahl von Zusatzinformationen in den jeweiligen Einträgen, die nicht für ein Wörterbuch typisch sind. Darin ähnelt sein Werk dem von W. Frevert, welcher beispielsweise bei den Wildarten zusätzliche Informationen zu der Ernährung, Fortpflanzung etc. gegeben hat. Teilweise dienen diese Zusatzinformationen bei

L. L. Rue auch als Einleitung zur eigentlichen Kernaussage, wie z. B. in dem Eintrag zu „Anti-hunter“ (ebd.:17), wo es heißt:

> As more people move away from the farm to live in the city, they lose contact with the soil and their roots. Whereas hunting, for many people, used to be a necessity, today, for most people, it is an option. [...] Many understand that game animals are a renewable resource whose population must be controlled. These folks understand that regulated sport hunting is the wildlife managers' most effective population control measure. The anti-hunters do not understand that basic concept (ebd.:17).

Die komplette Einleitung des Eintrages dient der Erklärung, was genau ein Jagdgegner ist, aber eine klassische Definition ist nicht enthalten. Auf der anderen Seite ist die Bedeutung des Terminus allgemein bekannt und lässt sich aus seinen Bestandteilen ableiten, nämlich *anti* für *gegen* und *hunter* für *Jäger*. Diese Tatsache deutet darauf hin, dass L. L. Rue die Termini der Schalenwildjagd nicht nur definieren, sondern möglichst viele wissenswerte und interessante Informationen dem Leser vermitteln will, z. B. „[in] Pennsylvania, as many as 48,000 deer are killed on the highways in a single year“ (ebd.:22). Dies schriebt der Autor im Eintrag zu „Automobile fatalities“ (ebd.:21). Diese Vermutung wird bestärkt durch den Schreibstil L. L. Rues. An einigen Stellen spricht er den Leser direkt an, so z. B. im Eintrag zu „Backpack“ (ebd.:26), wo es heißt: „[i]f you plan to spend all day in the woods, you might want to carry a light pack“ (ebd.:26). Auch der Gebrauch von Redewendungen trägt dazu bei, dass das Werk nicht wie ein klassisches Wörterbuch wirkt, sondern eher wie eine Sammlung von Beiträgen unter verschiedenen Überschriften, beispielsweise unter „Atrophy“ (ebd.:20):

> The old saying of "use it or lose it" is true. Any part of the body that is not used constantly atrophies. The appendix in humans and the metatarsal gland in deer are atrophying because of lack of use (ebd.:20f.).

Auffällig ist, dass L. L. Rue z. T. Abkürzungen in seinen Definitionen verwendet. Es handelt sich hierbei um allgemein gebräuchliche Abkürzungen des Terminus, beispielsweise *ATV* für „All-terrain vehicles“ (ebd.:14). Allerdings leitet er die Verwendung der Abkürzung nicht ein, z. B. durch eine Klammer hinter dem

Stichwort mit der entsprechenden Abkürzung. Entweder erwartet L. L. Rue von seinen Lesern, dass sie die entsprechenden Schlussfolgerungen selber ziehen, oder betrachtet diese Abkürzungen als bereits bekannt, wobei die zweite Vermutung am wahrscheinlichsten ist.

6. Fazit

Nachdem alle vier Korpora untersucht und ausgewertet wurden, soll abschließend auf dieser Grundlage die Lexik der deutschen und englischen Weidmannssprache noch einmal kurz verglichen werden. Grundsätzlich ist jedoch erstmal zu sagen, dass es sich bei allen Autoren um keine Sprachwissenschaftler, sondern um Fachleute handelt. Demzufolge konnten einige Verstöße gegen die üblichen Konventionen eines Wörterbuches in allen Werken beobachtet werden, wobei das *Wörterbuch der Jägerei* als Wörterbuch am meisten der Norm entspricht. Dennoch erfüllen alle Werke ihren Zweck, auch wenn die Herangehensweise sich teilweise stark unterscheiden. Diese Unterschiede lassen sich einerseits auf die unterschiedlichen zeitlichen und kulturellen Entstehungshintergründe zurückführen, andererseits auch auf die persönlichen Präferenzen der Autoren. Die Tatsache, dass es sich bei den Autoren um Fachleute handelt, hat dafür positive Auswirkungen auf die Auswahl der Termini, da sich mit ihrer eigenen Terminologie am besten auskennen. Für eine fachfremde Person ist es schwierig zu beurteilen, welche Ausdrücke tatsächliche fachliche Termini darstellen und welche nicht. Somit stellten die Wörterbücher und Glossare, die von muttersprachlichen Fachleuten verfasst wurden, eine zuverlässige Quelle für die Korpusanalyse dar. Der Vergleich der Lexik soll nachfolgend anhand von zwei Kriterien erfolgen:

1. Welche Wortarten sind betroffen?
2. Wie sind die jagdsprachlichen Termini entstanden?

Wie die Analyse unter Kapitel 5. zeigt, beschränkt sich die jagdsprachliche Lexik im Deutschen und im Englischen nicht ausschließlich auf substantivische Termini. Vielmehr treten die Termini in Gestalt der folgenden vier Wortarten auf:

1. Substantive;
2. Verben;
3. Adjektive und
4. Adverbien.

Andere Wortarten wie Artikel, Pronomen etc. sind i. d. R. nicht betroffen und sind somit der weniger fachlichen Sprache zuzuordnen. Eine Ausnahme bilden hierbei die Interjektionen, da Lautäußerungen des Wildes und Ausrufe der Jäger, wie z. B. *tally-ho* oder *halali* durchaus als jagdsprachliche Interjektionen betrachtet werden können. Da diese allerdings nur einen kleinen Teil der Jagdterminologie ausmachen, sollen sie an dieser Stelle keine weitere Berücksichtigung finden.

Den größten Teil der Lexik sowohl in der deutschen als auch der englischen Jagdterminologie nehmen Substantive ein. Sie benennen Körperteile, Verhaltensweisen, Lebensräume und soziale Gruppierungen des Wildes, um nur einige zu nennen, und füllen somit Benennungslücken innerhalb der Sprache. Dabei sind häufig Überschneidungen mit anderen fachsprachlichen Terminologien festzustellen, insbesondere mit der Biologie und der Zoologie.

Deutliche Unterschiede zwischen der deutschen und der englischen Weidmannssprache zeigen sich allerdings in den Verben. Während sowohl bei W. Frevert als auch bei H. Prossinagg eine Fülle an Verben auftreten, so finden sich vergleichsweise wenige in *Customs and Etiquette of the Hunting Field* und bei L. L. Rue. Die Ursachen für diese Beobachtung müssten noch weiter erforscht werden, würden allerdings den Rahmen dieser Monografie überschreiten. Ein möglicher Grund könnten die nicht optimalen Vergleichsbedingungen der Korpora sein, da es sich bei den beiden deutschen Werken um Wörterbücher handelt, die sich auf die Jagd im Allgemeinen beziehen. In den englischen Werken hingegen wurde jeweils ein thematischer Schwerpunkt gesetzt, nämlich auf die Fuchsjagd bzw. auf die Schalenwildjagd. Die Kombination dieser beiden unterschiedlichen Themengebiete sollte den Pool an Lexik erweitern und bessere Vergleichsbedingungen schaffen, da ein allgemeines englisches Jagdwörterbuch nicht zur Verfügung stand. Allein diese Tatsache erweckt den Eindruck, dass die Jagd zwar einen hohen Stellenwert in der Kultur Großbritanniens und besonders der USA einnimmt, die dazugehörige Weidmannssprache jedoch wenig Beachtung findet, zumindest im Vergleich zu Deutschland und Österreich. Hier werden der Erhalt und die Verwendung der Weidmannssprache aktiv gefördert, wie es die Vorworte in *Wörterbuch der Jägerei* und *Jägersprache in Wort und Bild* erahnen lassen (vgl. Frevert 1966:5) (vgl. Prossinagg 2009:5).

In der Entstehung der Termini lassen sich hingegen viele Parallelen zwischen der deutschen und englischen Sprache der Jäger feststellen. Besonders häufig haben

Ausdrücke mit geringem Fachlichkeitsgrad einen Bedeutungswandel erfahren, um den Bedürfnissen der Jäger gerecht zu werden. Die unter Kapitel 5. genannten Beispiele zeigen vor allem eine Tendenz zur Bedeutungsverengung. Doch auch die Verwendung von Metaphern zur Bildung neuer Termini findet sich sehr oft innerhalb beider Sprachräume, so z. B. *brush* als Benennung für den Schwanz des Fuchses im Englischen oder *Löffel* für die Ohren des Hasen im Deutschen. Es lässt sich also feststellen, dass trotz der Unterschiede in der Häufigkeit jagdsprachlicher Lexik in den beiden Sprachräumen, die Methoden bei der Entwicklung neuer Termini identisch sind. Dies lässt sich mit einer ähnlichen historischen Entwicklung begründen, wie sie unter Kapitel 3. aufgezeigt wurde.

Unterschiede in der thematischen Auswahl der Lexik ergeben sich hingegen aus den kulturellen und regionalen Unterschieden der Gebiete, in denen sich die entsprechenden Sprachen entwickelt haben. Demzufolge gibt es nicht für alle Benennungen der einen Sprache entsprechende Benennungen in der anderen Sprache. Es ist jedoch nicht ausgeschlossen, dass diese Benennungslücken im Zuge der Globalisierung und Internationalisierung gefüllt werden. Jäger sind heutzutage nicht mehr auf ihre heimischen Jagdreviere beschränkt und es ist ein regelrechter Jagdtourismus entstanden (vgl. Lohrmann 2013). Es bleibt abzuwarten, in welche Richtung sich die deutsche und englische Weidmannssprache weiter entwickeln wird. Es ist jedoch Tatsache, dass sie aus historischer Sicht aus beiden Kulturräumen nicht wegzudenken ist und auch die deutsche und englische Sprache insgesamt bereichert hat. In dieser Hinsicht wäre ein etymologisches Wörterbuch der Weidmannssprache, sowohl für deutsche als auch für die englische, wünschenswert und aufschlussreich. Genauso ist ein vollständiges Wörterbuch der Jagd für die Sprachen Deutsch und Englisch bis heute noch nicht erschienen.

7. Literaturverzeichnis

Anonymous (2011): Customs and Etiquette of the Hunting Field. With a Guide to the Language and Terms most often used in Fox Hunting. o. O.: Read Books Ltd.

Bibliographisches Institut GmbH (2013a): „Fachsprache, die. Bedeutung". http://www.duden.de/rechtschreibung/Fachsprache (05.09.2014).

Bibliographisches Institut GmbH (2013b): „Fachwörterbuch, das. Bedeutung". http://www.duden.de/rechtschreibung/Fachwoerterbuch (15.11.2014).

Bonnier Corporation (2014): „Whitetail Deer". http://www.outdoorlife.com/hunting/whitetail-deer?dom=odl&loc=mainnav&lnk=whitetail-deer (13.11.2014).

Bundesministerium der Justiz und für Verbraucherschutz (01.04.1977): Bundesjagdgesetz. BJagdG. http://www.gesetze-im-internet.de/bundesrecht/bjagdg/gesamt.pdf (15.11.2014).

DIN Deutsches Institut für Normung e. V. E DIN 2342:2004-9 (2004): Begriffe der Terminologielehre. Berlin, Wien, Zürich: Beuth Verlag GmbH.

Felber, Helmut / Schaeder, Burkhard (1999): „Typologie der Fachwörterbücher". Hoffmann / Kalverkämper / Wiegand (Hrsg.) (1999): 1725–1743.

Frevert, Walter (19662): Wörterbuch der Jägerei. Ein Nachschlagewerk der jagdlichen Ausdrücke. Hamburg, Berlin: Verlag Paul Parey.

Gautschi, Andreas (2004): Walter Frevert. Eines Weidmanns Wechsel und Wege. Hanstedt: nimrod-Verlag.

Griffin, Emma (2008): Blood Sport. Hunting In Britain Since 1066. New Haven: Yale University Press.

Harper, Douglas (2001a–2004): „moose (n.)". http://www.etymonline.com/index.php?term=moose (18.09.2014).

Harper, Douglas (2001b–2004): „tomorrow (adv.)". http://www.etymonline.com/index.php?term=tomorrow&allowed_in_frame=0 (24.09.2014).

Hoffmann, Lothar ([3]1987): Kommunikationsmittel Fachsprache. Eine Einführung. Sammlung Akademie-Verlag 44. Berlin: Akademie-Verlag.

Hoffmann, Lothar (1998): „Fachsprachen und Gemeinsprache“. Hoffmann / Kalverkämper / Wiegand (Hrsg.) (1998): 157–168.

Hoffmann, Lothar / Kalverkämper, Hartwig / Wiegand, Herbert Ernst (Hrsg.) (1998): Fachsprachen. Ein internationales Handbuch zur Fachsprachenforschung und Terminologiewissenschaft. Handbücher zur Sprach- und Kommunikationswissenschaft 14.1. Berlin, New York: Walter de Gruyter.

Hoffmann, Lothar / Kalverkämper, Hartwig / Wiegand, Herbert Ernst (Hrsg.) (1999): Fachsprachen. Ein internationales Handbuch zur Fachsprachenforschung und Terminologie¬wissenschaft. Handbücher zur Sprach- und Kommunikationswissenschaft 14.2. Berlin, New York: Walter de Gruyter.

Kalverkämper, Hartwig (1998): „Fach und Fachwissen“. Hoffmann / Kalverkämper / Wiegand (Hrsg.) (1998): 1–24.

Lindner, Kurt (Hg.) (1976): Das Jagdbuch des Martin Strasser von Kollnitz. Das Kärntner Landesarchiv 3. Klagenfurt: Verlag des Kärntner Landesarchivs.

Lohrmann, Caroline (2013): „Der Reiz des Jagens“. http://www.zeit.de/reisen/2013-11/jagd-tourismus-suedafrika (15.11.2014).

Pepper, Mark / Driscoll, Dana Lynn (1995–2014): „Writing Definitions“. https://owl.english.purdue.edu/owl/resource/622/01/ (08.11.2014).

Prossinagg, Hermann (2009): Jägersprache in Wort und Bild. Wien: Österreichischer Jagd- und Fischerei-Verlag.

Roosen, Rolf (2008): „Vom Gedrucktem zum Ungedruckten. Die Jägersprache und ihr Forschungsdesiderat“ (Juni 2008) (Hrsg.): Jagdkultur – gestern, heute, morgen. Schriftenreihe des Landesjagdverbandes Bayern e. V. Rosenheim: 89–98.

Rue Wildlife Photos (1996–2014): „About Us. About Lennie & Uschi Rue III“. http://www.ruewildlifephotos.com/index/about_us (24.09.2014).

Rue, Leonard Lee, III (2001): The Deer Hunter's Illustrated Dictionary. Full Explenation of More Than 600 Terms and Phrases Used by Deer Hunters Past and Present. Guilford: The Lyons Press.

Schuck, Anne (o. J.): „Jagdhundelexikon. Foxterrier“. http://www.jagdhunde.de/cms/jagdhundelexikon/index.html (14.10.2014).

Schwenk, Sigrid (1998a): „Die ältere deutsche Jägersprache bis zum Ende des 17. Jahrhunderts und ihre Erforschung:. eine Übersicht“. Hoffmann / Kalverkämper / Wiegand (Hrsg.) (1998): 2383–2392.

Schwenk, Sigrid (1998b): „Die neuere Fachsprache der Jäger“. Hoffmann / Kalverkämper / Wiegand (Hrsg.) (1998): 1105–1110.

Seifert, Volker (2014): „Frevert, Walter“. http://www.deutsches-jagd-lexikon.de/index.php?title=Walter_Frevert (22.09.2014).

Wegner, Robert (1984): Deer & Deer Hunting. The Serious Hunter's Guide. Mechanicsburg: Stackpole Books.

8. Abbildungsverzeichnis

Danksagung

Ich möchte mich an dieser Stelle bei den vielen Menschen bedanken, die mich beim Schreiben dieses Buches unterstützt und motiviert haben. Mein besonderer Dank gilt meiner Familie und meinem Ehemann, die immer an mich geglaubt haben, sowie Prof. Dr. K.-D. Baumann, der mich ermutigt hat, mich diesem Thema zu widmen, und mir stets als fachlicher Berater zu Seite stand. Zu guter Letzt möchte ich auch meinen fleißigen Korrektorinnen C. Kirchner und S. Kespohl danken, die mich in meiner Herangehensweise an das Thema bestätigt und mir viele hilfreiche Hinweise gegeben haben.

FORUM FÜR FACHSPRACHEN-FORSCHUNG

Die Bd. 1 bis 77 sind im Verlag Gunter Narr erschienen.

Bd. 78 Hartwig Kalverkämper: Textsortengeschichte und Fächertradition. Systeme im Wandel zwischen französischer Klassik und Aufklärung (1650–1750). ISBN 978-3-86596-175-4

Bd. 79 Jin Zhao: Interkulturalität von Textsortenkonventionen. Vergleich deutscher und chinesischer Kulturstile: Imagebroschüren. 392 Seiten. ISBN 978-3-86596-169-3

Bd. 80 Hartwig Kalverkämper/Klaus-Dieter Baumann (Hg.): Fachtextsorten – in – Vernetzung. 486 Seiten. ISBN 978-3-86596-160-0

Bd. 81 Henrike Täuscher: Fachlichkeit in der Werbung für Laien. Deutsche und französische Anzeigen im Vergleich. 262 Seiten. ISBN 978-3-86596-162-4

Bd. 82 Tim Peters: Macht im Kommunikationsgefälle: der Arzt und sein Patient. 212 Seiten. ISBN 978-3-86596-181-5

Bd. 83 Hans P. Krings/Felix Mayer (Hg.): Sprachenvielfalt im Kontext von Fachkommunikation, Übersetzung und Fremdsprachenunterricht. Für Reiner Arntz zum 65. Geburtstag. 530 Seiten. ISBN 978-3-86596-192-1

Bd. 84 Encarnación Tabares Plasencia/Vessela Ivanova/Elke Krüger (Eds.): Análisis lingüístico contrastivo de textos especializados en español y alemán. 258 Seiten. ISBN 978-3-86596-190-7

Bd. 85 Nancy Hadlich: Analyse evidenter Anglizismen in Psychiatrie und Logistik. 458 Seiten. ISBN 978-3-86596-380-2

Bd. 86 Eva Martha Eckkrammer (Ed.): La comparación en los lenguajes de especialidad. 302 Seiten. ISBN 978-3-86596-216-4

Bd. 87 Maria Mushchinina: Rechtsterminologie – ein Beschreibungsmodell. Das russische Recht des geistigen Eigentums. 396 Seiten. ISBN 978-3-86596-218-8

Bd. 88 Sylvia Reinart: Kulturspezifik in der Fachübersetzung. Die Bedeutung der Kulturkompetenz bei der Translation fachsprachlicher und fachbezogener Texte. 562 Seiten. ISBN 978-3-86596-235-5

Bd. 89 Radegundis Stolze: Fachübersetzen – Ein Lehrbuch für Theorie und Praxis. 3. Auflage. 420 Seiten. ISBN 978-3-86596-257-7

Bd. 90 Carmen Heine: Modell zur Produktion von Online-Hilfen. 318 Seiten. ISBN 978-3-86596-263-8

Frank & Timme

FORUM FÜR FACHSPRACHEN-FORSCHUNG

Bd. 91 Brigitte Horn-Helf: Konventionen technischer Kommunikation: Makro- und mikrokulturelle Kontraste in Anleitungen. 614 Seiten mit CD. ISBN 978-3-86596-233-1

Bd. 92 Marina Adams: Wandel im Fach. Historiographie von DaF als Fachsprachen-Disziplin in der DDR. 460 Seiten. ISBN 978-3-86596-269-0

Bd. 93 Carsten Sinner: Wissenschaftliches Schreiben in Portugal zum Ende des *Antigo Regime* (1779–1821). Die Memórias económicas der *Academia das Ciências de Lisboa*. 714 Seiten. ISBN 978-3-86596-277-5

Bd. 94 Laurent Gautier (éd.): Les discours de la bourse et de la finance. 186 Seiten. ISBN 978-3-86596-302-4

Bd. 96 Julia Neu: Mündliche Fachtexte der französischen Rechtssprache. 294 Seiten. ISBN 978-3-86596-351-2

Bd. 97 Mehmet Tahir Öncü: Probleme interkultureller Kommunikation bei Gerichtsverhandlungen mit Türken und Deutschen. 168 Seiten. ISBN 978-3-86596-387-1

Bd. 98/99 Klaus-Dieter Baumann (Hg.): Fach – Translat – Kultur. Interdisziplinäre Aspekte der vernetzten Vielfalt. 2 Bände im Schuber, zus. 1562 Seiten. ISBN 978-3-86596-209-6

Bd. 100 Hartwig Kalverkämper (Hg.): Fachkommunikation im Fokus – Paradigmen, Positionen, Perspektiven. 1040 Seiten. ISBN 978-3-7329-0214-9

Bd. 102 Anastasiya Kornetzki: Contrastive Analysis of News Text Types in Russian, British and American Business Online and Print Media. 378 Seiten. ISBN 978-3-86596-420-5

Bd. 103 Ingrid Simonnæs: Rechtskommunikation national und international im Spannungsfeld von Hermeneutik, Kognition und Pragmatik. 304 Seiten. ISBN 978-3-86596-427-4

Bd. 104 Svenja Dufferain: Tyronyme – zur strategischen Wortbildung französischer Käsemarkennamen. 140 Seiten. ISBN 978-3-86596-428-1

Bd. 105 Laurent Gautier (éd.): Figement et discours spécialisés. 158 Seiten. ISBN 978-3-86596-413-7

Bd. 106/107 Eva Martha Eckkrammer: Medizin für den Laien: Vom Pesttraktat zum digitalen Ratgebertext. 2 Bände im Schuber, zus. 1328 Seiten. ISBN 978-3-86596-312-3

Bd. 108 Lucia Udvari: Einführung in die Technik der Rechtsübersetzung vom Italienischen ins Deutsche. Ein Arbeitsbuch mit interdisziplinärem Ansatz. 316 Seiten. ISBN 978-3-86596-516-5

FORUM FÜR FACHSPRACHEN-FORSCHUNG

Bd. 109 Mehmet Tahir Öncü: Kulturspezifische Aspekte in technischen Texten. Eine Analyse deutsch- und türkischsprachiger Gebrauchsanleitungen. 212 Seiten. ISBN 978-3-86596-517-2

Bd. 110 Cornelia Griebel: Rechtsübersetzung und Rechtswissen. Kognitionstranslatologische Überlegungen und empirische Untersuchung des Übersetzungsprozesses. 432 Seiten. ISBN 978-3-86596-534-9

Bd. 111 Laura Sergo/Ursula Wienen/Vahram Atayan (Hg.): Fachsprache(n) in der Romania. Entwicklung, Verwendung, Übersetzung. 458 Seiten. ISBN 978-3-86596-404-5

Bd. 112 Birte Möpert: Die Fachsprache des Tanzes. 218 Seiten. ISBN 978-3-7329-0012-1

Bd. 113 Marina Brambilla/Joachim Gerdes/Chiara Messina (Hg.): Diatopische Variation in der deutschen Rechtssprache. 382 Seiten. ISBN 978-3-86596-447-2

Bd. 114 Christiane Zehrer: Wissenskommunikation in der technischen Redaktion. Die situierte Gestaltung adäquater Kommunikation. 406 Seiten. ISBN 978-3-7329-0032-9

Bd. 115 Tanja Wissik: Terminologische Variation in der Rechts- und Verwaltungssprache. Deutschland – Österreich – Schweiz. 394 Seiten. ISBN 978-3-7329-0004-6

Bd. 116 Larissa Alexandrovna Manerko/Klaus-Dieter Baumann/Hartwig Kalverkämper (eds.): Terminology Science in Russia today. From the Past to the Future. 460 Seiten. ISBN 978-3-7329-0051-0

Bd. 117 Georg Löckinger: Übersetzungsorientierte Fachwörterbücher. Entwicklung und Erprobung eines innovativen Modells. 322 Seiten. ISBN 978-3-7329-0053-4

Bd. 118 Kerstin Petermann: Verbale und nonverbale Vagheit in englisch- und deutschsprachigen Interviews. 418 Seiten. ISBN 978-3-7329-0061-9

Bd. 119 Encarnación Tabares Plasencia (ed.): Fraseología jurídica contrastiva español–alemán/Kontrastive Fachphraseologie der spanischen und deutschen Rechtssprache. 148 Seiten. ISBN 978-3-86596-528-8

Bd. 120 Klaus-Dieter Baumann/Jan-Eric Dörr/Katja Klammer (Hg.): Fachstile – Systematische Ortung einer interdisziplinären Kategorie. 216 Seiten. ISBN 978-3-7329-0105-0

Bd. 121 Jenny Brumme/Carmen López Ferrero (eds.): La ciencia como diálogo entre teorías, textos y lenguas. 348 Seiten. ISBN 978-3-7329-0130-2

Bd. 122 Ingrid Simonnæs: Basiswissen deutsches Recht für Übersetzer. Mit Übersetzungsübungen und Verständnisfragen. 202 Seiten. ISBN 978-3-7329-0133-3

FORUM FÜR FACHSPRACHEN-FORSCHUNG

Bd. 123 Silke Friedrich: Deutsch- und englischsprachige Werbung. Textpragmatik, Medialität, Kulturspezifik. 142 Seiten. ISBN 978-3-7329-0152-4

Bd. 124 Bernhard Haidacher: Bargeldmetaphern im Französischen. Pragmatik, Sprachkultur und Metaphorik. 368 Seiten. ISBN 978-3-7329-0124-1

Bd. 125 Chiara Messina: Die österreichischen Wirtschaftssprachen. Terminologie und diatopische Variation. 384 Seiten. ISBN 978-3-7329-0113-5

Bd. 126 Raimund Drommel: Sprachprofiling – Grundlagen und Fallanalysen zur Forensischen Linguistik. 338 Seiten. ISBN 978-3-7329-0158-6

Bd. 127 Krzysztof Nycz/Klaus-Dieter Baumann/Hartwig Kalverkämper (Hg.): Fachsprachenforschung in Polen. 328 Seiten. ISBN 978-3-7329-0211-8

Bd. 128 Peter Kastberg: Kondensation und Expansion in Fachtexten der Technik. 160 Seiten. ISBN 978-3-7329-0221-7

Bd. 129 Anja Centeno García: Textarbeit in der geisteswissenschaftlichen Lehre. 360 Seiten. ISBN 978-3-7329-0196-8

Bd. 132 Maria Mushchinina: Sprachverwendung und Normvorstellung in der Fachkommunikation. 450 Seiten. ISBN 978-3-7329-0293-4

Bd. 133 Agnes Goldhahn: Tschechische und deutsche Wissenschaftssprache im Vergleich. Wissenschaftliche Artikel der Linguistik. 226 Seiten. ISBN 978-3-7329-0332-0

Bd. 134 Natalya Zalipyatskikh: Didaktik der technischen Fachkommunikation. Methodologien, Konzepte, Evaluationen. 422 Seiten mit CD. ISBN 978-3-7329-0344-3

Bd. 135 Katja Klammer: Denkstile in der Fachkommunikation der Technik- und Sozialwissenschaften. Fakten und Kontraste im Deutschen und Englischen. 438 Seiten. ISBN 978-3-7329-0355-9

Bd. 136 Fabian Fahlbusch: Unternehmensnamen. Entwicklung – Gestaltung – Wirkung – Verwendung. 322 Seiten. ISBN 978-3-7329-0202-6

Bd. 137 Sabrina Brandt: Anglizismen – Sprachwandel in deutschen und norwegischen Texten der Informationstechnologie. 140 Seiten. ISBN 978-3-7329-0385-6

Bd. 138 Sascha Bechmann (Hg.): Sprache und Medizin. Interdisziplinäre Beiträge zur medizinischen Sprache und Kommunikation. 498 Seiten. ISBN 978-3-7329-0372-6

Bd. 139 Anastasia Mikhailova-Tucholke: Der französische Fachwortschatz im Bereich Solarenergie: Wortbildung und Lexikographie. 232 Seiten. ISBN 978-3-7329-0400-6

FORUM FÜR FACHSPRACHEN-FORSCHUNG

Bd. 140 Annikki Liimatainen/Arja Nurmi/Marja Kivilehto/Leena Salmi/Anu Viljanmaa/Melissa Wallace (eds.): Legal Translation and Court Interpreting: Ethical Values, Quality, Competence Training. 398 Seiten. ISBN 978-3-7329-0295-8

Bd. 141 Rosemarie Buhlmann/Anneliese Fearns: Handbuch des fach- und berufsbezogenen Deutschunterrichts DaF, DaZ, CLIL. 714 Seiten. ISBN 978-3-7329-0013-8

Bd. 142 Agnieszka Błażek: Einheit in Vielfalt: der Bologna-Prozess. Fachlexikologische und fachkommunikative Aspekte. 406 Seiten. ISBN 978-3-7329-0470-9

Bd. 143 Katrin Josephine Wagner: Die Sprache der Jäger – Ein Vergleich der Weidmannssprache im deutsch- und englischsprachigen Raum. 82 Seiten. ISBN 978-3-7329-0455-6

Bd. 144 Stefania Cavagnoli/Laura Mori (eds.): Gender in legislative languages. From EU to national law in English, French, German, Italian and Spanish. 256 Seiten. ISBN 978-3-7329-0349-8

Bd. 145 Damaris Borowski: Sprachliche Herausforderungen ausländischer Anästhesist(inn)en bei Aufklärungsgesprächen. Eine gesprächsanalytische Studie zu „Deutsch als Zweitsprache im Beruf". 388 Seiten. ISBN 978-3-7329-0502-7

Bd. 146 Thomas Bartz: Texte sprachbewusst optimieren. Ein linguistisches Kategoriensystem für die computergestützte Revision qualitätsrelevanter sprachlicher Merkmale in Texten. 218 Seiten. ISBN 978-3-7329-0514-0

Bd. 147 Lenka Vaňková (Hg.): Fachlichkeit und Fachsprachlichkeit in varianten Kontexten. 266 Seiten. ISBN 978-3-7329-0530-0

Bd. 148 Eva Wiesmann: Der notarielle Immobilienkaufvertrag in Italien und Deutschland. Eine kontrastive diachronische Untersuchung zur Bedeutung von Norm und Konvention sowie zur Entwicklung der Textsorte. 476 Seiten. ISBN 978-3-7329-0511-9

Bd. 149 Ingrid Simonnæs/Marita Kristiansen (eds.): Legal Translation. Current Issues and Challenges in Research, Methods and Applications. 410 Seiten. ISBN 978-3-7329-0366-5

Bd. 150 Thorsten Dick: Fachlich kommunizieren mit sich selbst. Verständlichkeit und Optimierung von Recherchenotizen. 274 Seiten. ISBN 978-3-7329-0553-9

Bd. 151 Kristina Pelikan: Enhancing and analysing Project Communication. 296 Seiten. ISBN 978-3-7329-0564-5

Bd. 152 Miriam Behschnitt: Die Fachtextsorte Gesetz. Eine kontrastive stilistische Untersuchung anhand des deutschen Aufenthaltsgesetzes und britischer *Immigration Acts*. 162 Seiten. ISBN 978-3-7329-0548-5

Frank & Timme

FORUM FÜR FACHSPRACHEN-FORSCHUNG

Bd. 153 Irena Vassileva/Mariya Chankova/Esther Breuer/Klaus P. Schneider (eds.): The Digital Scholar: Academic Communication in Multimedia Environment. 344 Seiten. ISBN 978-3-7329-0569-0

Bd. 154 Ingrid Simonnæs/Øivin Andersen/Klaus Schubert (eds.): New Challenges for Research on Language for Special Purposes. Selected Proceedings from the 21st LSP-Conference 28–30 June 2017 Bergen, Norway. 392 Seiten. ISBN 978-3-7329-0420-4

Bd. 155 Franziska Toscher: Die Fachsprache der Geschichtswissenschaft. Wissenstransfer – Subjektivität – Übersetzung. 388 Seiten. ISBN 978-3-7329-0554-6

Bd. 156 Jana Schumacher: Wissenschaftliche Zeitschriftenartikel und Letters der Physik und Informatik. Eine Mehr-Ebenen-Differenzierung. 332 Seiten. ISBN 978-3-7329-0615-4

Bd. 157 Peter Kastberg: Knowledge Communication. Contours of a Research Agenda. 136 Seiten. ISBN 978-3-7329-0432-7

Bd. 158 Alexander Holste: Semiotische Effizienz interfachlicher Sprache-Bild-Textsorten. Schreibprozesse bei Pflichtenheften technischer Ausschreibungen. 488 Seiten. ISBN 978-3-7329-0300-9

Bd. 159 Lenka Vaňková (Hg.): Das Fachwort in der Tagespresse. 160 Seiten. ISBN 978-3-7329-0628-4

Bd. 160 Alessandra Zurolo: Deutsche medizinische Lehrtexte. Eine diachronische Perspektive. 258 Seiten. ISBN 978-3-7329-0682-6

Bd. 161 Marina Adams/Klaus-Dieter Baumann/Hartwig Kalverkämper (Hg.): Fachkommunikationsforschung im Spannungsfeld von Methoden, Instrumenten und Fächern. 416 Seiten. ISBN 978-3-7329-0783-0

Bd. 162 Giuliana Elena Garzone/Paola Catenaccio: Ethics in Professional and Corporate Discourse. Linguistic Perspectives. 202 Seiten. ISBN 978-3-7329-0806-6

Bd. 163 Ursula Wienen/Tinka Reichmann/Laura Sergo (Hg.): Syntax in Fachkommunikation. 550 Seiten. ISBN 978-3-7329-0821-9

Bd. 164 Marina Adams/Klaus-Dieter Baumann/Hartwig Kalverkämper (Hg.): Zukunftsformate der Fachkommunikationsforschung. Wissenstransfer – Bildung – Interlingualität. 350 Seiten. ISBN 978-3-7329-0800-4

Bd. 165 Harald Weinrich: Sprache, das heißt Sprachen. Plädoyer für die sprachliche Vielfalt. 520 Seiten. ISBN 978-3-7329-0879-0

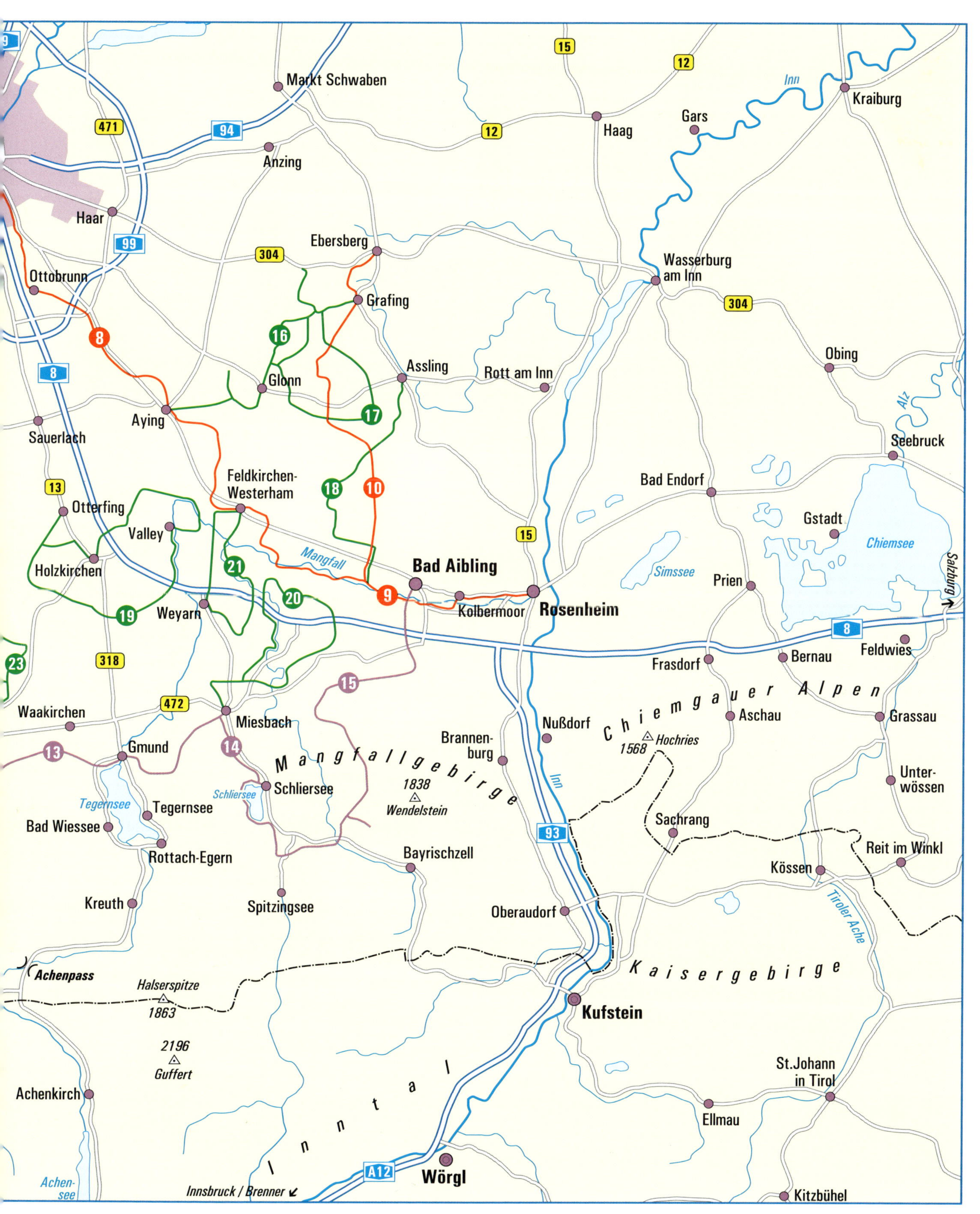

Markt Schwaben
Haag
Gars
Kraiburg
Inn
Anzing
Haar
Ebersberg
Wasserburg am Inn
Ottobrunn
Grafing
Obing
Assling
Rott am Inn
Glonn
Aying
Sauerlach
Seebruck
Alz
Feldkirchen-Westerham
Bad Endorf
Otterfing
Valley
Gstadt
Chiemsee
Holzkirchen
Mangfall
Bad Aibling
Simssee
Prien
Salzburg
Kolbermoor
Rosenheim
Weyarn
Feldwies
Frasdorf
Bernau
Waakirchen
Miesbach
Chiemgauer Alpen
Aschau
Grassau
Gmund
Nußdorf
Brannenburg
Hochries
1568
Mangfallgebirge
1838
Wendelstein
Schliersee
Tegernsee
Unterwössen
Bad Wiessee
Sachrang
Rottach-Egern
Bayrischzell
Reit im Winkl
Kössen
Tiroler Ache
Kreuth
Spitzingsee
Oberaudorf
Kaisergebirge
Achenpass
Halserspitze
1863
Kufstein
2196
Guffert
St. Johann in Tirol
Achenkirch
Inntal
Ellmau
Achensee
Innsbruck / Brenner
Wörgl
Kitzbühel

Am Steinsee (Tour 16) hat man ein Herz für Radler.